普通高等教育“十三五”规划教材

环境监测实验

主　编　陈井影
副主编　李文娟

北　京
冶金工业出版社
2020

内 容 提 要

本书主要内容包括：环境监测实验室基本知识、环境监测基础性实验及环境监测综合性和研究性实验。其中环境监测基础性实验涉及大气、水、固体、噪声、辐射等环境介质中典型污染因子的常规监测以及生物监测技术，共30多个实验项目。

本书可作为高等学校环境科学与工程专业类实验教学用书，也可供相关专业及环保技术人员参考。

图书在版编目(CIP)数据

环境监测实验/陈井影主编. —北京：冶金工业出版社，2018.8（2020.1重印）
普通高等教育“十三五”规划教材
ISBN 978-7-5024-7844-5

Ⅰ.①环… Ⅱ.①陈… Ⅲ.①环境监测—实验—高等学校—教材 Ⅳ.①X83-33

中国版本图书馆CIP数据核字（2018）第167594号

出 版 人 陈玉千
地　　址 北京市东城区嵩祝院北巷39号 邮编 100009 电话 (010)64027926
网　　址 www.cnmip.com.cn 电子信箱 yjcbs@cnmip.com.cn
责任编辑 卢 敏 美术编辑 吕欣童 版式设计 禹 蕊
责任校对 卿文春 责任印制 李玉山
ISBN 978-7-5024-7844-5
冶金工业出版社出版发行；各地新华书店经销；北京捷迅佳彩印刷有限公司印刷
2018年8月第1版，2020年1月第2次印刷
787mm×1092mm 1/16；10印张；237千字；151页
28.00元

冶金工业出版社 投稿电话 (010)64027932 投稿信箱 tougao@cnmip.com.cn
冶金工业出版社营销中心 电话 (010)64044283 传真 (010)64027893
冶金工业出版社天猫旗舰店 yjgycbs.tmall.com
（本书如有印装质量问题，本社营销中心负责退换）

前　言

“环境监测实验”是环境工程和环境科学专业重要的实践必修课，是环境监测课程的重要组成部分。本课程的学习，使学生巩固和加深对环境监测课程理论知识的理解，初步掌握环境监测技术的基本实践方法、手段和操作技能，培养学生独立思考、分析问题和解决问题的能力，同时提高学生的动手能力和创新思维能力。

本实验教材内容是在参考国家有关标准并结合多年科研和教学实践的基础上确定的。环境监测实验内容涉及水质监测、空气监测、土壤质量监测、环境污染生物监测、噪声监测等，另外，在水质和土壤监测中纳入了放射性核素铀的测定方法。其中水质监测部分由李文娟负责编写，其余部分由陈井影负责编写。全书由陈井影负责统稿。在本书编写过程中，得到了东华理工大学环境工程专业老师的大力支持和帮助，同时参阅了一些专家学者的相关文献资料，在此一并表示感谢！

本教材对每个实验的原理、方法、操作步骤、所用的实验仪器、试剂、实验注意事项进行了详细的介绍，同时对学生实验的组织形式、人员安排、实验报告所涉及的内容作了具体的要求。

本教材得到了江西省“环境工程特色专业”“环境工程专业综合改革试点”和东华理工大学“水污染控制工程教学培育团队”等质量工程建设项目的资助。

由于编者水平有限，书中难免有不妥之处，敬请读者批评指正。

编　者

2018 年 5 月

目　　录

环境监测实验室基本知识

第一节　环境监测实验的基本要求

（1）认真预习实验教材，了解实验仪器、设备。

（2）写好实验预习报告。对于综合性实验，要求学生预习报告中拟出实验方案和操作步骤，分析影响测定准确度的因素及控制方法。

（3）实验开始后，按操作规范进行准确操作，对实验现象的观察要力求客观、深入、全面、细致，积极思考、认真分析，及时记录实验中出现的现象和数据。

（4）实验结束后，对记录的数据进行处理，并对各种实验现象进行分析和讨论，得出实验结论，写出实验报告。

（5）实验报告内容包括：

1）实验名称；

2）实验目的、要求；

3）实验原理；

4）实验方法、步骤；

5）实验数据处理及实验结果；

6）实验现象的分析、讨论；

7）结论。

第二节　实验室基本知识

一、实验室用水

（一）普通纯水

1. 纯水质量标准

水是最常用的溶剂，配制试剂、标准溶液、洗涤均需大量使用。它的质量对分析结果有着广泛和根本的影响，对于不同用途，应使用不同质量的水。

表 1-1 中 $KMnO_4$呈色持续时间是指用这种水配制 $c(1/5)\ KMnO_4=0.01mol/L$ 溶液的呈色持续时间，它反映水中还原性杂质含量的多少。

表 1-1　纯水的级别与标准

指　　标	Ⅰ	Ⅱ	Ⅲ	Ⅳ
可溶性物质/$mg \cdot L^{-1}$	<0.1	<0.1	<0.1	<2.0

续表 1-1

指　　标	Ⅰ	Ⅱ	Ⅲ	Ⅳ
电导率(25℃)/μS·cm^{-1}	<0.06	<1.0	<1.0	<5.0
电阻率(25℃)/MΩ·cm	>16.66	>1.0	>1.0	>0.20
pH 值(25℃)	6.8~7.2	6.6~7.2	6.5~7.5	5.0~8.0
$KMnO_4$呈色持续时间(最小)/min	>60	>60	>10	>10

在制备痕量元素测定用的标准水样时，最好使用相当于 ASTM-Ⅰ级的纯水；制备微量元素测定用的标准水样，使用 ASTM-Ⅱ级的纯水。

2. 纯水的制备

纯水的制备是将原水中可溶性和非可溶性杂质全部除去的水处理方法。制备纯水的方法很多，通常多用蒸馏法、离子交换法和电渗析法。

A　蒸馏法

以蒸馏法制备的纯水常称为蒸馏水，水中常含可溶性气体和挥发性物质。

蒸馏水的质量因蒸馏器的材料与结构的不同而异。制造蒸馏器的材料通常有金属、化学玻璃和石英玻璃三种。下面分别介绍几种不同蒸馏器及其蒸馏水。

金属蒸馏器：金属蒸馏器内壁为纯铜、黄铜、青铜，也有镀纯锡的。这种蒸馏所得水含有微量金属杂质，如含 Cu^{2+}(10~200)×10^{-6}，电阻率为 30~100MΩ·cm(25℃)，只适用于清洗容器和配制一般试液。

玻璃蒸馏器：玻璃蒸馏器由含低碱高硼硅酸盐的“硬质玻璃”制成，含二氧化硅约80%，经蒸馏所得的水中含痕量金属，如含 Cu^{2+} 5×10^{-9}，还可能有微量玻璃溶出物，如硼、砷等。其电阻率为 100~200MΩ·cm。适用于配制一般定量分析试液，不宜用于配制分析重金属或痕量非金属试液。

石英蒸馏器：石英蒸馏器含二氧化硅 99.9%以上。所得蒸馏水仅含痕量金属杂质，不含玻璃溶出物。电阻率为 20~300MΩ·cm。特别适用于配制对痕量非金属进行分析的试液。

亚沸蒸馏器：它是由石英制成的自动补液蒸馏装置，其热源功率很小，使水在沸点以下缓慢蒸发，故而不存在雾滴污染问题，所以蒸馏水几乎不含金属杂质（超痕量）。适用于配制除可溶性气体和挥发性物质以外的各种物质的痕量分析用试液。亚沸蒸馏器常作为最终的纯水器与其他纯水装置（如离子交换纯水器）等联用，所得纯水的电阻率高达16MΩ·cm 以上。要注意保存，一旦接触空气，在 5min 内迅速降至约 2MΩ·cm。

另外，一次蒸馏的效果差，有时需要多次蒸馏。例如，第一次蒸馏时加入几滴硫酸，除去重金属；第二次蒸馏时加少许碱溶液，中和可能存在的酸；第三次不加入酸或碱。

各种纯化法制得的纯水中，所含几种痕量元素的量，如表 1-2 所示。

B　离子交换法

以离子交换法制备的水称为去离子水或无离子水。水中不能完全除去有机物和非电解质，因此较适用于配制痕量金属分析用的试液，而不适用于有机分析试液。

表 1-2　水的各种纯化法

序号	纯化方法	痕量元素含量/$\mu g \cdot L^{-1}$			
		Cu	Zn	Mn	Mo
1	铜制蒸馏器（内壁为锡）蒸馏	10	2	1	2
2	铜制蒸馏器（内壁为锡）蒸馏的蒸馏水用硬质（pyrex）玻璃蒸馏器蒸馏一次	1	0.12	0.2	0.002
3	铜制蒸馏器（内壁为锡）蒸馏的蒸馏水用硬质（pyrex）玻璃蒸馏器蒸馏二次	0.5	0.04	0.1	0.001
4	铜制蒸馏器（内壁为锡）蒸馏的蒸馏水用硬质（pyrex）玻璃蒸馏器蒸馏三次	0.4	0.04	0.1	0.001
5	硬质（pyrex）玻璃蒸馏器蒸馏一次	1.6	0		
6	耶纳（Jena）玻璃蒸馏器蒸馏一次	0.1	3		
7	Amberlite IR-100 树脂处理一次	3.5	0		

在实际工作中，常将离子交换法和蒸馏法联用，即将离子交换水在蒸馏一次或以蒸馏水代替原水进行离子交换处理，这样就可以得到既无电解质又无微生物及热原质等杂质的纯水。

C　电渗析法

一般采用电渗析法可制取电阻率为 2×10^6 MΩ·cm(18℃) 的纯水。它比离子交换法有设备和操作管理简单、不需酸碱再生使用的优点，实用价值较大。其缺点是在水的纯度提高后，水的电导率就逐渐降低，如继续增高电压，就会迫使水分子电离为 H^+ 和 OH^-，使大量的电耗在水的电离上，水质却提高的很少。目前也有将电渗析法和离子交换法结合起来制备纯水的方法，即先用电渗析法把水中大量离子除去后，再用离子交换法除去少量离子，这样制得的纯水（已达 $5\times10^6\sim6\times10^6$ MΩ·cm)，不仅纯度高，而且有如下优点：

(1) 不需将酸碱再生使用。

(2) 易于设备化，易于搬迁，灵活性大。可以置生产用水设备旁边，就地取纯水使用。

(3) 操作方便。

3. 纯水的检验

水质的检验方法较多，常用的方法主要有两种：电测法和化学分析法。光谱法和极谱法有时也用于水质检验。

A　电测法

电测法最简单，它是利用水中所含导电杂质与电阻率之间的关系，间接确定水质纯度的一种方法。在 25℃时，以电导仪测得水中电阻率在 5×10^5 MΩ·cm 以上者为去离子水。

B　化学分析法

阳离子定性检查。取纯水 10mL 于试管中，加入 3～5 滴氯化铵-氢氧化钠缓冲溶液(pH=10)，加少许铬黑 T 粉状指示剂（铬黑 T：氯化钠=1：100，研磨混匀），搅拌待溶解后，如溶液呈天蓝色表示无阳离子存在，若呈紫红色表示有阳离子存在。

（1）氯离子的定性检查。取纯水10mL于试管中，加入2~3滴（1∶1硝酸），2~3滴0.1mol/L硝酸银，混匀，无白色浑浊出现即表示无氯离子存在。

（2）可溶性的定性检查。取纯水10mL于试管中，加入15滴1%钼酸铵溶液，加入8滴草酸-硫酸混合酸（4%草酸和4mol/L的硫酸，按1∶3比例混合），摇匀。若溶液呈蓝色，则表示有可溶性硅；如不呈蓝色，可认为无可溶性硅。

由于化学分析过程比较复杂、操作麻烦、分析时间较长等特点，因而一般都采用电测法，只有在无电导仪的情况下再采用化学分析法。

4. 纯水的储存

制备好的纯水要妥为保存，不要暴露于空气中，否则由于空气中二氧化碳、氨、尘埃及其他杂质的污染使水质下降。由于非电解质无适当地检验方法，因此可用水中金属离子含量的变化来观察其污染情况，表1-3中列出纯水在不同容器中储存2周后其金属离子含量的变化情况。因纯水储存在硬质或涂石蜡的玻璃瓶中都会使金属离子含量增加，故宜储存于聚乙烯容器中或衬有聚乙烯膜的瓶中为妥，最好是储存于石英或高纯聚四氟乙烯容器中。

表1-3 容器与纯水中金属离子含量的变化

水样	储存容器	金属离子含量/μg·mL^{-1}				
		Al	Fe	Cu	Pb	Zn
蒸馏水再经硬质玻璃蒸馏器重蒸馏		10.2	0.9	0.5	0.9	1.4
蒸馏水再经硬质玻璃蒸馏器重蒸馏	储存于硬质玻璃瓶中经2周后	10.2	4.5	1.2	3.0	4.6
蒸馏水再经硬质玻璃蒸馏器重蒸馏	储存于涂石蜡玻璃瓶中经2周后	15.0	10.5	1.4	4.1	5.6
蒸馏水再通过离子交换树脂混合床处理		1.0	0.5	0.5	0.5	0.5
蒸馏水再通过离子交换树脂混合床处理	储存于聚乙烯容器中经2周后	1.3	1.5	0.6	1.5	1.5

（二）特殊要求的纯水

在分析某些指标时，对分析过程中所用纯水中的这些指标含量越低越好，这就需要某些特殊要求的蒸馏水及制取方法。

1. 无氯水

加入亚硫酸钠等还原剂将自来水中的余氯还原为氯离子（以DPD检查不显色），继续用附有缓冲球的全玻璃蒸馏器（以下各项中的蒸馏均同此）进行蒸馏制取。DPD，即N，N′-二乙基-对苯二胺（N，N′-ρ-phenylene-diamine）。

2. 无氨水

向水中加入硫酸使其pH<2，并使水中各种形态的氨或胺最终都变成不挥发的盐类，

收集馏出液即得（注意：避免实验室内空气中含有氨而重新污染，应在无氨气的实验室进行蒸馏）。

3. 无二氧化碳水

（1）煮沸法。将蒸馏水或去离子水煮沸至少 10min（水多时），或者使水量蒸发 10%以上（少水时），加盖放冷即得。

（2）曝气法。将惰性气体或纯氮通入蒸馏水或去离子水至饱和即得。

制得的无二氧化碳水应储存于一个附有碱石灰管的橡皮塞盖严的瓶中。

4. 无砷水

一般蒸馏水或去离子水都能达到基本无砷的要求。应注意避免使用软质玻璃（钠钙玻璃）制成的蒸馏器、树脂管和储水瓶。进行痕量砷的分析时，必须使用石英蒸馏器或聚乙烯的树脂管和储水桶。

5. 无铅（无重金属）水

用氢型强酸性阳离子交换树脂处理原水即得。注意储水器应预先做无铅处理，用 6mol/L 硝酸溶液浸泡过夜后，用无铅水洗净。

6. 无酚水

（1）加碱蒸馏法。向水中加入氢氧化钠至 pH = 11，使水中酚生成不挥发的酚钠后进行蒸馏制得（或可同时加入少量高锰酸钾溶液使水呈紫红色，再行蒸馏）。

（2）活性炭吸附法。将粒状活性炭加热至 150 ~ 170℃烘烤 2h 以上进行活化，放入干燥器内冷却至室温后，装入预先盛有少量水（避免炭粒间存留气泡）的层析柱中，使蒸馏水或去离子水缓慢通过柱床，按柱床容量大小调节其流速，一般以每分钟不超过 100mL 为宜。开始流出的水（略多于装柱时预先加入的水量）必须再次返回柱中，然后正式收集。此柱所能净化的水量，一般约为所用炭粒表现容积的 1000 倍。

7. 不含有机物的蒸馏水

加入少量高锰酸钾的碱性溶液于水中使之呈紫红色，再进行蒸馏即得（在整个蒸馏过程中水应始终保持紫红色，否则应随时补加高锰酸钾）。

二、溶液的配制

（一）溶质

（1）固体试剂：按所需数量直接称取即可。但如配制标准溶液和滴定溶液时，所用无水试剂都必须在 105 ~ 110℃的烘箱内烘 1 ~ 2h 以上，在有效的干燥器内冷却至室温后，立刻称重以供配制。如果某试剂不宜在 105 ~ 110℃干燥，则应按该试剂之规定执行。水和盐类可在有效的干燥器内适当干燥，不用加热法烘干。使用时应按“只出不进，量用为出”的原则称取，即多余的试剂不允许再放回原试剂瓶中，以免污染原瓶试剂。称取试剂应使用洁净干燥的容器，对易吸潮的试剂应以有盖容器（如称量瓶）称取。

（2）液体试剂：以体积百分浓度（*V*/*V*）配制时，按所需数量直接量取即可；以重量体积百分浓度（*m*/*V*%）配制时，应先将瓶签上标示的重量百分浓度乘以比重，换算成重量体积百分浓度，再算出所需体积后量取之。常用液体试剂的浓度换算见表 1-4。

表 1-4 常用液体试剂的浓度换算

试剂名称	重量/重量/%	比重	重量/体积/%	摩尔浓度/mol·L^{-1}
硝酸（HNO_3）	71	1.42	100	16
盐酸（HCl）	37	1.18	44	12
硫酸（H_2SO_4）	96	1.84	177	18
冰醋酸（CH_3COOH）	99.5	1.05	104	17
氨水（NH_4OH）	28	0.90	25	14

（二）溶剂

（1）水：本书中所配制的溶液，除明确规定者外，均为蒸馏水或去离子水所配制的水溶液。为使配制试液时所用纯水与试剂的纯度大致相当，以保证试液的质量，现将纯水划分为几个相应的等级，如表 1-5 所示。

各种特殊要求的蒸馏水，见本章第二节中纯水的制备。

（2）有机溶剂：有机溶剂与所用溶质的纯度应相当，若其纯度偏低，需经蒸馏或分馏，收集规定沸程内的馏出液，必要时应进行检验，质量合格后再使用。

表 1-5 纯水分级

级别	电阻率（25℃）/MΩ·cm	治水设备	用途
特	>16	混合床离子交换柱-0.45μm 滤膜-亚沸蒸馏器	配制标准水样
1	10~16	混合床离子交换柱-石英蒸馏器	配制分析超痕量（$<10^{-9}$级）物质用的试液
2	2~10	双级复合床或混合床离子交换柱	配制分析痕量（$10^{-9}\sim10^{-6}$级）物质用的试液
3	0.5~2	单级复合床离子交换柱	配制分析10^{-6}级以上含量物质用的试液
4	<0.5	金属或玻璃蒸馏器	配制测定有机物（如 CDO、BOD_5等）用的试液

（三）配制试液的注意事项

（1）当配制准确浓度的溶液时，如溶解已知量的某种基准物质或稀释某一已知浓度的溶液时，必须用经校准过的容量瓶，并准确地稀释至标线，然后充分混匀。

（2）本书中一般都介绍每次配制 1000mL 溶液。实际上有时需要少一些或多一些，分析人员可按书中的比例配制所需要的体积，而不必拘于 1000mL。有些地方要求配 100mL，有些溶液不易保存或用量很小，配 1000mL 就造成浪费了。配溶液时的安全规定：一定要将浓酸或浓碱缓慢地加入水中，并不断搅拌，待溶液温度冷却到室温后，才能稀释到规定的体积。

（3）配制时所用试剂的名称、数量及有关计算，均应详细写在原始记录上，以备查对。

（4）溶质常需加热助溶，或在溶解过程中放出大量溶解热，故应在烧杯内配制，待溶解完全并冷至室温后，再加足溶剂倾入试剂瓶中。

（5）碱性试液和浓盐类试液勿贮于磨口塞玻璃瓶内，以免瓶塞与瓶口固结后不易打开。遇光易变质的试液应贮于棕色瓶中，放暗处保存。

（6）应以不褪色的墨水在瓶签上写明试剂名称、浓度、酸度和配制日期（必要时注明所用试剂的级别和溶剂的种类）。盛装易燃、易爆、有毒或有腐蚀性试液的试剂瓶，应使用红色边框的瓶签。

三、化学试剂

（一）化学试剂的质量规格

化学试剂在分析监测试验中是不可缺少的物质，试剂的质量及实际选择恰当与否，将直接影响到分析监测结果的成败，因此，对从事分析监测的人员来说，应对试剂的性质、用途、配制方法等进行充分的了解，以免因试剂选择不当而影响分析监测的结果。

表 1-6 是我国化学试剂等级标志与某些国家化学试剂标志的对照表。

表 1-6　化学试剂等级对照表

质量次序		1	2	3	4	
我国化学试剂等级标志	级别	一级品	二级品	三级品	四级品	
	中文标志	保证试剂	分析试剂	化学试剂		生物试剂
		优级纯	分析纯	化学纯	实验试剂	
	符号	GR	AR	CP	LR	BR
	瓶签颜色	绿	红	蓝	棕色等	黄色等
德、美、英等国通用等级和符号		GR	AR	CP		
前苏联等级和符号		化学纯 X. Ⅱ	分析纯 . Ⅱ. ⅡA	纯		

此外，还有一些特色用途的所谓高纯试剂。例如，“色谱纯”试剂，是在最高灵敏度 10^{-10} 以下无杂质峰来表示；“光谱纯”试剂，它是以光谱分析时出现的干扰谱线的数目强度大小来衡量的，它不能认为是化学分析的基准试剂，这点必须特别注意；“放射化学纯”试剂，它是以放射性测定时出现干扰的核辐射强度来衡量的；“MOS”试剂，它是“金属-氧化物-半导体”试剂的简称，是电子工业专用的化学试剂，等等。

在环境样品的分析监测中，一级品可用于配制标准溶液；二级品常用于配制定量分析中普通试液，在通常情况下，未注明规格的试剂，均指分析纯试剂（即二级品）；三级品只能用于配制半定量或定性分析中的普通试液和清洁液等。

（二）试剂的提纯与精制

如一时找不到合适的分析试剂时，可将化学纯或试验试剂经重结晶或蒸馏等提纯试剂的方法进行纯化，以降低杂质的含量和提高试剂本身的含量（%）。

（1）蒸馏法。蒸馏法适用于提纯挥发性液体试剂，如烟酸、氢氟酸、氢溴酸、高氟酸、氨水等无机酸和氯仿、四氯化碳、石油醚等多种有机溶剂。

（2）等温扩散法。等温扩散法适用于在常温下溶质强烈挥发的水溶液试剂，如盐酸、硝酸、氢氟酸、氨水等。此法设备简单，容易操作，所制得的产品纯度和浓度较高。缺点是产量小、耗时、耗酸较多。

此法常在玻璃干燥器中进行，将分别盛有试剂和吸收液（常为高纯水）的容器分放在隔板上下或同放在隔板上，密闭放置。

试剂和吸收液的比例按精制品所需浓度而定，试剂愈多而吸收愈少，则精制品浓度愈高。例如，浓盐酸与纯水的比例为3∶1时，则吸收液含氯化氢的最终浓度可高达10mol/L，扩散时间依气温高低而定，为1~2周。

（3）重结晶法。重结晶法是纯化固体物质的重要方法之一。利用被提纯化合物及杂质在溶剂中，在不同温度时溶解度的不同以分离出杂质，从而达到纯化的目的。

（4）萃取法。萃取法适用于某些能在不同条件下，分别溶于互不相溶的两种溶剂中试剂的精制。对有些试剂，可先配成试液，再用萃取法分离出其中的杂质以达到提纯的目的。

1）萃取精制：用改变溶液酸碱性等条件，使溶质在两种溶剂间反复溶解、结晶而达到精制的目的。

2）萃取提纯：某些试剂，如酒石酸钠、盐酸羟胺等，可在配成溶液后，用双硫腙的氯仿溶液直接萃取，以除去某些金属杂质（注意：冷原子吸收法测定汞时，所用盐酸羟胺试剂不能用此法提纯，以免因试液中的残留氯仿吸收紫外线而导致分析误差）。

3）蒸发干燥：将萃取液中的溶剂蒸发赶出，所得试剂可干燥后保存。对热不稳定的试剂，应低温或真空低温干燥。例如，双硫腙可放于真空干燥箱中，抽气减压并于50℃干燥。

（5）醇析法。醇析法适用于在其水溶液中加入乙醇时即析出结晶的试剂，如EDTA-Na_2、邻苯二甲酸氢钾、草酸等。

加醇沉淀是将试剂溶解于水中，使之成为近饱和溶液，慢慢加入乙醇至沉淀开始明显析出。过滤，弃去最初析出的少量沉淀，再向滤液中加入一定量的乙醇进行沉淀。过滤，以少量乙醇分次洗涤沉淀，于适当温度下干燥。

对某些在乙醇中易溶的试剂（如联邻甲苯胺），则可向其乙醇沉淀中加水，使沉淀析出，以进行提纯。

（6）其他方法。有些试剂可在配成试液后，分别采用电解法、层析法、离子交换法、活性炭吸附法等进行提纯。提纯后的试液可直接使用或将溶剂分离后保存备用。

四、玻璃器皿的洗涤

玻璃器皿的清洁与否直接影响试验结果的准确性与精密度，因此，必须十分重视玻璃仪器的清洗工作。

实验室中所用的玻璃器皿必须是洁净的，洁净的玻璃器皿在用水洗过后，内壁应留下一层均匀的水膜，不挂有水珠。不同的玻璃器皿洗涤的方法不同，同时也要根据器皿被污染的情况选择适当的洗涤剂。

（一）洁净剂及使用范围

最常用的洁净剂是肥皂、肥皂液、洗衣粉、去污粉、洗液、有机溶剂等。肥皂、肥皂液、洗衣粉、去污粉用于刷子直接涮洗的仪器，如烧杯、锥形瓶、试剂瓶、试管等。

洗液多用于不便使用刷子洗刷的仪器，如滴定管、移液管、容量瓶、比色管、量筒等刻度仪器或特殊形状的仪器等。有机溶剂是针对污物属于某一种类型油腻性，而借助有机溶剂能溶解油脂的作用洗除之，或者借助某种有机溶剂能与水混合而又挥发快的特殊性，冲洗一下带水的仪器将水洗去，如甲苯、二甲苯、汽油等可以洗油垢。乙醇、乙醚、丙酮可以冲洗刚洗净而带水的仪器。

（二）洗涤液的制备及使用注意事项

（1）强酸性氧化剂洗液。强酸性氧化剂洗液是用 $K_2Cr_2O_7$ 和 H_2SO_4 配制，浓度一般为3%～5%。配制5%的洗液400mL，取工业级。

（2）碱性洗液。常用的碱洗液有碳酸钠溶液（Na_2CO_3，即纯碱）、碳酸氢钠（$NaHCO_3$，即小苏打）、磷酸钠液（磷酸三钠）、磷酸氢二钠，个别难洗的油污器皿也有用稀氢氧化钠溶液的。以上稀碱洗液的浓度一般都在5%左右，碱洗液用于洗涤有油污的仪器，因此洗涤是采用长时间（24h以上）浸泡法，或者浸泡法。

（3）有机溶剂。带有油脂性污物较多的器皿，如旋塞内孔、移液管尖头、滴定管尖头、滴管小瓶等可以用汽油、甲苯、二甲苯、丙酮、乙醇、三氯甲烷、乙醚等有机溶剂擦洗或浸泡。

（三）玻璃器皿的洗涤方法

（1）常规洗涤法。对于一般的玻璃仪器，应先用自来水冲洗1～2遍除去灰尘。如用强酸性氧化剂洗涤时，应将水沥干，以免过多地耗费洗液的氧化能力。若用毛刷蘸取热肥皂液（洗涤剂或去污粉等）仔细刷净内外表面，尤其应注意容器磨砂部分，然后用水冲洗，一般刷洗至看不出有肥皂液时，用自来水冲洗3～5次，再用蒸馏水或去离子水充分冲洗3次。洗净的清洁玻璃仪器壁上应能被水均匀润湿（不挂水珠）。玻璃仪器经蒸馏水冲洗干净后，残留的水分用指示剂或pH试纸检查应为中性。

洗涤时应按少量多次的原则用水冲洗，每次充分振荡后倾倒干净。凡能使用刷子洗的玻璃仪器，都应尽量用刷子蘸取肥皂液进行刷洗，但不能用硬质刷子猛力擦洗容器内壁，因这样易使容器内壁表面毛糙、易吸附离子或其他杂质，影响测定结果或造成污染而难以清洗。测定痕量金属元素后的仪器清洗后，应用硝酸浸泡24h左右，再用水洗干净。

（2）不便刷洗的玻璃仪器的洗涤法。可根据污垢的性质选择不同的洗涤液进行浸泡或共煮，再按常法用水冲净。

（3）水蒸气洗涤法。有的玻璃仪器，主要是成套的组合仪器，除按上述要求洗涤外，还要安装起来用水蒸气蒸馏法洗涤一定的时间。例如，凯氏微量定氮仪，每次使用前应将整个装置连同接受瓶用热蒸汽处理5min，以便除去装置中的空气和前次试验所遗留的氨污染物，从而减少试验误差。

（4）特殊清洁要求的洗涤。在某些实验中，对玻璃仪器有特殊的清洁要求，如分光光度计上的比色皿，用于测定有机物后，应以有机溶剂洗涤，必要时可用硝酸浸泡，但要避免用重铬酸钾洗液洗涤，以免重铬酸钾附着在玻璃上。用酸浸后，先用水冲净，再以去离子水或蒸馏水洗净晾干，不宜在较高温度的烘箱中烘干。如应急使用而要除去比色皿内的水分时，可先用滤纸吸干大部分水分后，再用无水乙醇或丙酮洗涤除尽残存水分，晾干即可使用。

五、常用干燥剂

常用的干燥剂有无水 $CaCl_2$、变色硅胶、P_2O_5、MgO、Al_2O_3和浓 H_2SO_4等。干燥剂的性能以能除去产品水分的效率来衡量。表 1-7 是一些无机干燥剂的种类及其相对效率。

表 1-7 某些无机干燥剂的种类及其相对效率

干燥剂种类	残余水①/$\mu g \cdot L^{-1}$	干燥剂种类	残余水①/$\mu g \cdot L^{-1}$
$Mg(ClO_4)_2$	约 1.0	变色硅胶②	70
BaO(96.2%)	2.8	NaOH(91%)(碱石棉剂)	93
Al_2O_2(无水)	2.9	$CaCl_2$(无水)	13.7
P_2O_5	3.5	NaOH	约 500
分隔筛 5A(Linde)	3.2	CaO	656
$LiClO_4$(无水)	13		

①残余水是将湿的含 N_2气体，通到干燥剂上吸附，以一定方法称量得到的结果；

②变色硅胶是含 $CoCl_2$盐的二氧化硅凝胶，烘干后可重复使用。

第三节 实验室安全知识

实验室本身就存在着某些危险因素，但只要实验室分析人员严格遵守操作规程和规章制度，无论做什么实验都要牢记安全第一，经常保持警惕，事故就可以避免。如果预防措施可靠，发生事故后处理得当，就可使损害减到最小程度。有关水质监测实验室的安全知识可参阅《环境水质监测质量保证手册》中的有关论述。以下简要介绍水质监测实验室可能存在的某些危险因素及注意要点。

一、易燃易爆物质

（一）易燃液体

实验室常用的有机溶剂中除了少数几种外，大多数都是易燃易爆的。它们的沸点低、挥发性大、闪火点都在室温甚至0℃以下，极易着火。

在使用闪火点低于室温的溶剂时，应遵守下列防火安全规定：

（1）不准使用明火加热蒸发，尽可能用水浴加热。如果用电炉加热时，电炉丝密封不裸露在外面。

（2）不准在敞口容器如烧杯、三角瓶之类的容器中加热或蒸发。

（3）溶剂存放或使用地点距明火火源至少 3m 以上。

（4）减压蒸馏时，应先减压后加热，蒸馏完毕准备结束实验时，应先停止加热，待冷至适当温度无自燃危险时再停真空泵。

（5）实验室内应装有防爆抽气通风机，每日在进实验室前应抽气 5~10min，再使用其他电器，包括点灯。

（6）在实验室内易燃溶剂的存放量一般不应超过 3L，特别是在夏天，大量存放易燃溶剂，既不安全，对人又有较大的危害。装易燃溶剂的玻璃瓶不要装满，装 2/3 左右即可。

以上仅是关于防火安全方面最主要的，也是经常遇到的一些应注意的事项。万一不慎失火时，首先要冷静，并迅速切断电源，用石棉布或防火沙子将火扑灭。绝对不可用水去灭火，用水不但不能灭火，反而会助长火势，因为水的密度较大，使有机溶剂上浮更易燃烧，应特别注意。在可能的情况下，最好不要用泡沫灭火器或四氯化碳灭火器去灭火，前者污染环境，后者易在高温下生成对人体有毒的光气，只有在火势较大，用简单的方法难以扑灭时，才用这类灭火器。

（二）强氧化剂

强氧化剂都是氧化物或具有很强氧化能力的含氧酸及其盐类，在适当的条件下会发生爆炸。例如，硝酸铵、硝酸钾（钠）、高氯酸（也属强腐蚀剂）、高氯酸钾（钠）、过硫酸铵及其他过硫酸盐、过氧化钠（钾）、过氧化钡、过氧化二苯甲酰等，这类物质严禁与还原性物质，如有机酸、木屑、碳粉、硫化物、糖类等易燃、可燃物质或易被氧化的物质接触，并应严格隔离，存放在低于 30℃ 的阴凉通风处。

实验室中常用高氯酸与硝酸或硫酸的混酸消解有机物，试验时要小心操作，严禁将高氯酸加到热的含有有机物的溶液中（注意：在加高氯酸之前，先用硝酸进行预消解，将大量还原性的有机物破坏之后，才能加入高氯酸进行最后消解）。高氯酸盐常积聚在通风橱或排气系统中，积聚的高氯酸盐与有机物相遇会发生猛烈爆炸，故应定期进行清洗。

（三）压缩气和液化气

压缩气和液化气，如氢气、氧气、乙炔气、二氧化碳、氮气、液化石油气，在受热、撞击、日光照射、热源烘烤等条件下易发生爆炸。压缩氧气若与油类接触也能燃烧爆炸。此类物品应储存于防火仓库，并应避免日晒和受热，放置要平稳，避免振动，运输时不许在地面上滚动。

二、剧毒和致癌物质

（一）砷及其化合物

无机砷的化合物用于制备标准溶液，也可能存在于工业废水中。砷的毒性很大，特别是有机砷化物，可引起肺癌和皮肤癌，要避免吸入口中和接触皮肤。

（二）汞及其化合物

汞盐常用于制备标准溶液，液态汞是一种具有毒性的挥发性物质。有机汞的毒性更大，因此对含汞的废水样品处理要在通风橱中操作，避免汞的蒸气污染环境。如有液态汞撒落在地上，要立刻将硫磺粉撒在汞上面以减少汞的蒸发量。

（三）氰化物

氰化物常用做络合剂、滴定钙镁时的掩蔽剂，大多数氰化物是有毒的。严禁入口。氰化物常存在于工业废水中，因此处理含氰化物的样品时要在通风橱内进行操作，防止吸入。因含氰的酸性溶液会产生有毒气体氰化物，所以切忌酸化氰化物溶液，严禁将氰化物直接倒入下水道。

（四）叠氮化合物

叠氮化钠在很多分析方法中应用，包括溶解氧的测定。它有毒，并与酸反应产生更加毒的叠氮酸，当排入下水道时，可与铜质或铅质管配件起作用并蓄积起来。此种金属的叠氮化合物很易爆炸和起爆，采用10%氢氧化钠溶液来浸泡处理可消除蓄积在排水管和存水弯头中的叠氮化合物。

（五）有毒和致癌性的有机化合物

在许多测定实验中需用到一些有毒有机溶剂和固体的有机溶剂，如氯仿、乙醚、苯、2—萘胺、六六六等。使用时应注意避免通过口、肺、皮肤而引起中毒。

第四节 环境监测实验室安全管理制度

（1）实验前要了解电源、消防栓、灭火器、紧急洗眼器的位置及正确的使用方法；了解实验室安全出口和紧急情况时的逃生路线。

（2）实验时要身着长袖、过膝的实验服，不准穿拖鞋、大开口鞋和凉鞋。不准穿底部带铁钉的鞋。

（3）长发（过衣领）必须束起或藏于帽内。做实验期间必须戴防护镜。

（4）实验室内严禁饮食、吸烟。一切化学药品严禁入口。

（5）水、电、煤气使用完毕后，应立即关闭。

（6）浓酸、浓碱具有强腐蚀性，切勿溅在皮肤和衣服上。用浓HNO_3、HCl、$HClO_4$、H_2SO_4等溶解样品时均应在通风橱中进行操作，不准在实验台上直接进行操作。

（7）使用乙醚、苯、丙酮、三氯甲烷等易燃有机溶剂时，要远离火焰和热源，且用后应倒入回收瓶（桶）中回收，不准倒入水槽中，以免造成污染。

（8）使用易燃、易爆气体（如氢气、乙炔等）时，要保持室内空气流通，严禁明火并应防止一切火星的发生。如由于敲击、电器的开关等所产生的火花，有些机械搅拌器的电刷极易产生火花，应避免使用，禁止在此环境内使用移动电话。

（9）开启存有挥发性药品的瓶塞和安瓿时，必须先充分冷却然后再开启（开启安瓿时需要用布包裹）；开启时瓶口须指向无人处，以免液体喷溅而遭受伤害。如遇到瓶塞不易开启时，必须注意瓶内贮物的性质，切不可贸然用火加热或乱敲瓶塞。

（10）汞盐、钡盐、铬盐、As_2O_3、氰化物以及H_2S气体毒性较大，使用时要特别小心。由于氰化物与酸作用，放出的HCN气体有剧毒，因此，严禁在酸性介质中加入氰化物！

（11）分析天平、分光光度计、酸度计等化学实验室中常用的精密仪器，使用时应严格按照规定进行操作。用后应拔去电源插头，并将仪器各部分旋钮恢复到原来位置。

（12）割伤是实验中最常见的事故之一。为了避免割伤应注意以下几点：玻璃管（棒）切断时不能用力过猛，以防破碎。截断后断面锋利，应进行熔光；清扫桌面上碎玻管（棒）及毛细管时，要仔细小心；将玻璃管（棒）或温度计插入塞子或橡皮管中时，应先检查塞孔大小是否合适；并将玻璃管（棒）或温度计上蘸点水或用甘油润滑，再用布裹住后逐渐旋转插入；拿玻璃管的手应靠近塞子，否则易使玻璃管折断，从而引起严重割伤。发生割伤事故要及时处理，取出伤口内的玻璃碴，用水洗净伤口，涂以碘酒或红汞药水，或用创可贴贴紧，严重者要送医院治疗。

（13）如发生烫伤，可在烫伤处抹上黄色的苦味酸溶液或烫伤软膏。严重者应立即送医院治疗。

（14）实验室如发生火灾，应根据起火的原因有针对性的灭火。酒精及其他可溶于水的液体着火时，可用水灭火；汽油、乙醚等有机溶剂着火时，用沙土扑灭，此时绝不能用水，否则反而扩大燃烧面；导线和电器着火时，应首先切断电源，不能用水和二氧化碳灭火器，应使用 CCl_4灭火器灭火；衣服着火时，忌奔跑，应就地躺下滚动，或用湿衣服在身上抽打灭火。

（15）使用煤气灯时应先将空气孔关闭，再点燃火柴。然后一边打开煤气开关，一边点火。不允许先打开煤气灯，再点燃火柴。点燃煤气灯后，调节好火焰，用后立即关闭。

（16）使用电器设备时，切不可用湿润的手去开启电闸和电器开关。凡是漏电的仪器不要使用，以免触电。

（17）取用强挥发性、易燃、易爆的试剂时，必须远离明火，如电炉。

（18）切不可用湿润的手去接触开启电闸和电器开关。

（19）浓酸、浓碱具有强烈的腐蚀性，切勿溅在皮肤和衣服上。使用浓 HNO_3、HCl、H_2SO_4、$HClO_4$、氨水时，均应在通风橱中操作，决不允许在实验室加热。如不小心溅到皮肤和眼内，应立即用水冲洗，然后用5%碳酸氢钠溶液（酸腐蚀时采用）和5%硼酸溶液（碱腐蚀时采用），冲洗，最后用水冲洗。

（20）使用 CCl_4、乙醚、苯、丙酮、三氯甲烷等有机溶剂时，一定要远离火焰和热源。使用完后将试剂瓶塞严，放在阴凉处保存。

（21）取用过强酸、强碱、有毒溶液的移液管或者玻璃棒等，不用时一定不能直接搁在架子或桌面上，也不能搁在桌子边缘处使带溶液部分朝外，最好是用洗瓶将带溶液部分冲洗2~3遍，用滤纸吸干后放到架子上备用；更不能手拿移液管或玻璃棒乱挥舞，以免溶液洒落造成伤害。

（22）凡是盛有浓酸、浓碱、有毒溶液的试剂瓶，取用试剂后必须将它们放到桌子中央或储存柜等相对较安全的地方。

（23）使用电炉加热玻璃器皿时必须使用石棉网；绝对不允许在无人照看的情况下使用电炉。

2 水质监测实验

实验一 水样色度的测定

方法一 铂钴比色法

一、实验目的

（1）掌握铂钴比色法的测定原理和操作；

（2）掌握色度标准溶液的配制。

水是无色透明的，当水中存在某些物质时，会表现出一定的颜色。溶解性的有机物，部分无机离子和有色悬浮微粒均可使水着色。

pH 值对色度有较大的影响，在测定色度的同时，应测量溶液的 pH 值。

二、实验原理

用氯铂酸钾与氯化钴配成标准色列，与水样进行目视比色。每升水中含有 1mg 铂和 0.5mg 钴时所具有的颜色，称为 1 度，作为标准色度单位。

如水样浑浊，则放置澄清，亦可用离心法或用孔径为 0.45μm 滤膜过滤以去除悬浮物，但不能用滤纸过滤，因滤纸可吸附部分溶解于水的颜色。

三、实验仪器和试剂

（1）50mL 具塞比色管，其刻线高度应一致。

（2）铂钴标准溶液：称取 1.246g 氯铂酸钾（K_2PtCl_6）（相当于 500mg 铂）及 1.000g 氯化钴（$CoCl_2 \cdot 6H_2O$）（相当于 250mg 钴），溶于 100mL 水中，加 100mL 盐酸，用水定容至 1000mL。此溶液色度为 500 度，保存在密塞玻璃瓶中，存放暗处。

四、测定步骤

（一）标准色列的配制

向 50mL 比色管中加入 0mL、0.50mL、1.00mL、1.50mL、2.00mL、2.50mL、3.00mL、3.50mL、4.00mL、4.50mL、5.00mL、6.00mL 及 7.00mL 铂钴标准溶液，用水稀释至标线，混匀。各管的色度依次为 0 度、5 度、10 度、15 度、20 度、25 度、30 度、35 度、40 度、45 度、50 度、60 度和 70 度。密塞保存。

（二）水样的测定

（1）分取 50.0mL 澄清透明水样于比色管中，如水样色度较大，可酌情少取水样，用水稀释至50.0mL。

（2）将水样与标准色列进行目视比较。观察时，可将比色管置于白瓷板或白纸上，使光线从管底部向上透过液柱，目光自管口垂直向下观察，记下与水样色度相同的铂钴标准色列的色度。

五、数据处理

$$A_0 = (V_1/V_0) \times A_1$$

式中　V_1——样品稀释后的体积，mL；

V_0——样品稀释前的体积，mL；

A_1——稀释样品色度的观察值，度。

六、注意事项

（1）可用重铬酸钾代替氯铂酸钾配制标准色列。方法是：称取0.0437g重铬酸钾和1.000g硫酸钴（$CoSO_4 \cdot 7H_2O$），溶于少量水中，加入0.50mL硫酸，用水稀释至500mL。此溶液的色度为500度。不宜久存。

（2）如果样品中有泥土或其他分散很细的悬浮物，虽经预处理而得不到透明水样时，则只测其表色。

方法二　稀释倍数法

一、实验目的

（1）掌握稀释倍数法的测定原理和操作；

（2）掌握色度标准溶液的配制。

二、实验原理

将有色工业废水用无色水稀释到接近无色时，记录稀释倍数，以此表示该水样的色度。并辅以用文字描述颜色性质，如深蓝色、棕黄色等。

三、实验仪器

50mL具塞比色管，其标线高度要一致。

四、测定步骤

（1）取100～150mL澄清水样置烧杯中，以白色瓷板为背景，观察并描述其颜色种类。

（2）分取澄清的水样，用水稀释成不同倍数，分取50mL分别置于50mL比色管中，管底部衬一白瓷板，由上向下观察稀释后水样的颜色，并与蒸馏水相比较，直至刚好看不出颜色，记录此时的稀释倍数。

五、数据处理

将逐级稀释的各次倍数相乘，所得之积取整数值，以此表达样品的色度。同时用文字描述样品的颜色深浅、色调。

六、注意事项

（1）水样的色度在50倍以上时，用移液管计量吸取水样于容量瓶中，用光学纯水稀释至标线，每次取大的稀释比，使稀释后色度在50倍之内。

（2）水样的色度在50倍以下时，在具塞比色管中取水样25mL，用光学纯水稀释至标线，每次稀释倍数为2。

（3）水样或水样经稀释至色度很低时，可自具塞比色管倒适量水样于量筒并计量，然后用此计量过的水样在具塞比色管中用光学纯水稀释至标线，每次稀释倍数应小于2。记下各次稀释倍数值。

思考题

（1）天然水色度的来源有哪些？

（2）色度测定还有哪些方法？

实验二　水样浊度的测定

方法一　目视比浊法

一、实验目的

（1）掌握测定浊度的原理和操作；
（2）学会浊度标准溶液的配制。

二、实验原理

浊度是表现水中悬浮物对光线透过时所发生的阻碍程度。水中含有泥土、粉砂、微细有机物、无机物、浮游动物和其他微生物等悬浮物和胶体物都可使水样呈现浊度。水的浊度大小不仅和水中存在颗粒物含量有关，而且和其粒径大小、形状、颗粒表面对光散射特性有密切关系。

将水样和硅藻土（或白陶土）配制的浊度标准液进行比较。相当于1mg一定黏度的硅藻土（白陶土）在1000mL水中所产生的浊度，称为1度。

三、实验仪器

（1）100mL具塞比色管。
（2）1L容量瓶。
（3）750mL具塞无色玻璃瓶，玻璃质量和直径均需一致。
（4）1L量筒。

四、实验试剂

浊度标准液：

（1）称取10g通过0.1mm筛孔（150目）的硅藻土，于研钵中加入少许蒸馏水调成糊状并研细，移至1000mL量筒中，加水至刻度。充分搅拌，静置24h，用虹吸法仔细将上层800mL悬浮液移至第二个1000mL量筒中。向第二个量筒内加水至1000mL，充分搅拌后再静置24h。

虹吸出上层含较细颗粒的800mL悬浮液，弃去。下部沉积物加水稀释至1000mL。充分搅拌后贮于具塞玻璃瓶中，作为浑浊度原液。其中含硅藻土颗粒直径为400μm左右。

取上述悬浊液50mL置于已恒重的蒸发皿中，在水浴上蒸干。于105℃烘箱内烘2h，置干燥器中冷却30min，称重。重复以上操作，即，烘1h，冷却，称重，直至恒重。求出每毫升悬浊液中含硅藻土的重量（mg）。

（2）吸取含250mg硅藻土的悬浊液，置于1000mL容量瓶中，加水至刻度，摇匀。此溶液浊度为250度。

（3）吸取浊度为250度的标准液100mL置于250mL容量瓶中，用水稀释至标线，此溶液浊度为100度的标准液。

于上述原液和各标准液中加入 1g 氯化汞，以防菌类生长。

五、测定步骤

（一）浊度低于 10 度的水样

（1）吸取浊度为 100 度的标准液 0mL、1.0mL、2.0mL、3.0mL、4.0mL、5.0mL、6.0mL、7.0mL、8.0mL、9.0mL 及 10.0mL 于 100mL 比色管中，加水稀释至标线，混匀。其浊度依次为 0 度、1.0 度、2.0 度、3.0 度、4.0 度、5.0 度、6.0 度、7.0 度、8.0 度、9.0 度、10.0 度的标准液。

（2）取 100mL 摇匀水样置于 100mL 比色管中，与浊度标准液进行比较。可在黑色底板上，由上往下垂直观察。

（二）浊度为 10 度以上的水样

（1）吸取浊度为 250 度的标准液 0mL、10mL、20mL、30mL、40mL、50mL、60mL、70mL、80mL、90mL 及 100mL 置于 250mL 的容量瓶中，加水稀释至标线，混匀。即得浊度为 0 度、10 度、20 度、30 度、40 度、50 度、60 度、70 度、80 度、90 度和 100 度的标准液，移入成套的 250mL 具塞玻璃瓶中，每瓶加入 1g 氯化汞，以防菌类生长，密塞保存。

（2）取 250mL 摇匀水样，置于成套的 250mL 具塞玻璃瓶中，瓶后放一有黑线的白纸作为判别标志，从瓶前向后观察，根据目标清晰程度，选出与水样产生视觉效果相近的标准液，记下其浊度值。

（3）水样浊度超过 100 度时，用水稀释后测定。

$$浊度(度) = \frac{A(B + C)}{C}$$

式中 A——稀释后水样的浊度，度；

B——稀释水体积，mL；

C——原水样体积，mL。

六、数据记录及处理

（1）记录测得标准系列的吸光度及水样的吸光度。

（2）根据测得标准系列的吸光度，绘制吸光度与浊度的标准曲线，由标准曲线上求得水样的浊度。

浊度	0	4	8	20	40	80	100	水样
吸光度								

七、注意事项

（1）所有与水样接触的玻璃器皿必须清洁，用盐酸或表面活性剂清洗。

（2）若需保存，可保存在冷（4℃）暗处，不超过 24h。测试前需激烈振摇并恢复到室温。

方法二　浊度仪法

一、实验目的

（1）掌握浊度仪法测定的基本原理；
（2）掌握浊度仪的原理和操作。

二、实验原理

光电浊度仪是利用一稳定的光源通过被测水样直射至光电池（硒光电池或硅光电池）。当水中的悬浮物和胶体颗粒越多、则透射光愈弱，当透射光强弱产生不同程度变化时，在光电池上也产生相应变化的电流强度，直接推动直流输出电表，从表面上直接读出水样的浑浊度。

三、实验仪器

gDS—3 型光电式浑浊度仪。

四、测定步骤

（1）仪器接通电源，将稳压器、光源灯预热 15～30min。
（2）测定低浊度（0～30mg/L）。用长水样槽，将零浊度水倒入水样槽至水位线，然后将水样槽放入仪器测量室（水样槽有号码的一面对着测量室右端），盖上盖子，缓慢地旋转稳压器上的微调，调节至仪表零度处，然后取出水样槽。将被测水样倒入水样槽至水位线，然后放入仪器测量室，盖上盖子，从仪表上直接读出浊度数。
（3）测定高浊度（20～100mg/L）。用短水样槽，将零度浊度水倒入水样槽至水位线，然后把 20mg/L 基准浊度板对着水样槽有号码一端插入，将水样槽放入测量室（将有 20mg/L 基准浊度板一面对着测量室右端），盖上盖子，缓慢地旋转稳压器上的微调，调至仪表右端 20 度处，取出水槽。
（4）取出 20mg/L 基准浊度板，将被测水样倒入水样槽至水位线，然后将水样槽放入仪器测量室，盖上盖子，从仪表上直接读出浊度数。
（5）如浑浊超过 100mg/L 时，可用零度水进行稀释后再行测定，从仪表浊度数乘上稀释倍数。
（6）零度蒸馏水用双重蒸馏水，或经过通径为 0. 2μm 的超滤膜滤过的蒸馏水。

五、注意事项

（1）仪器用于实验测定水的浑浊度，测量范围分为二挡，测定 0～30 度低浊度挡时取用长水样匣，20～100 度高浊度挡时取用短水样匣。
（2）测定前数分钟应先开启稳压电源使光源预热，然后再行测定。使用完毕后，应立即关闭电源，以免光源老化而影响使用寿命。
（3）水样匣必须勤清洗，特别是在测定高浊度水样后立即测定低浊度水样时更应清洗，否则会影响测定的正确性。清洗方法是：用带橡皮头的玻璃棒轻轻揩擦透光玻璃的内侧，勿使沾污。

(4) 水样倒入水样匣后必须用清洁而干燥的白布揩擦水样匣外部，以免残留水渍而影响透光率。

(5) 在相对湿度较大的条件下使用时，应采取快速和瞬时读数，以减少误差。表中指示的读数即为浑浊度，并注意低浊度挡（0~30 度）或高浊度挡（20~100 度）。

思考题

(1) 引起天然水呈现浊度的物质有哪些?

(2) 浊度测定还有哪些方法?

实验三　水中残渣的测定（重量法）

一、实验目的

（1）了解总残渣、可滤残渣和不可滤残渣的基本概念；
（2）掌握总残渣和不可滤残渣（悬浮物）测定的基本方法。

二、实验原理

总残渣是水和废水在一定的温度下蒸发、烘干后剩余的物质，包括总可滤残渣和总不可滤残渣。总残渣测定方法：取适量振荡均匀的水样于称至恒重的蒸发皿中，在蒸汽浴或水浴上蒸干，移入103～105℃烘箱中烘至恒重，增加的重量即为总残渣。

$$总残渣(mg/L)=\frac{(A-B)\times 1000\times 1000}{V}$$

式中　A——总残渣和蒸发皿质量，g；
　　B——蒸发皿质量，g；
　　V——水样体积，mL。

不可滤残渣（悬浮物）是指不能通过孔径为0.45μm滤膜的固体物。用0.45μm滤膜过滤水样，经103～105℃烘干后得到不可滤残渣（悬浮物）含量。不可滤箱中烘至恒重，增加的重量即为总残渣。

$$C(mg/L)=\frac{(A-B)\times 1000\times 1000}{V}$$

式中　C——水中悬浮物含量，mg/L；
　　A——悬浮物、滤膜、称量瓶质量，g；
　　B——滤膜和称量瓶质量，g；
　　V——试样体积，mL。

三、实验仪器和试剂

蒸发皿、烘箱、水浴锅、分析天平、干燥器、孔径为0.45μm滤膜、过滤器、抽滤装置、称量瓶、镊子。

四、实验步骤

（一）总残渣测定

（1）将蒸发皿放在103～105℃烘箱中烘30min，然后用镊子取出于干燥器冷却（30min）后称重，两次恒重不超过0.0005g。

（2）分别取适量振荡均匀的水样（30～50mL）置于蒸发皿内，在水浴锅的蒸汽浴上蒸干（水浴面不可接触皿底）。移入103～105℃烘箱中烘60min，然后于干燥器冷却（30min）后称重，两次恒重不超过0.0005g。

（3）计算试样中总残渣含量。

（二）不可滤残渣（悬浮物）测定

（1）用镊子夹取滤膜于称量瓶中，打开瓶盖，在103~105℃烘箱中烘30min，然后用镊子取出于干燥器冷却（30min）后称重，两次恒重不超过0.0005g。将恒重的滤膜放在过滤器内，用蒸馏水湿润滤膜。

（2）量取充分混合均匀的试样100mL抽吸过滤，使水分全部通过滤膜，在用10mL蒸馏水连续洗涤三次，继续吸滤以除去水分。停止吸滤后，取出载有悬浮物的滤膜放在原恒重的称量瓶中，打开瓶盖，于103~105℃烘箱中烘60min，然后用镊子取出于干燥器冷却（30min）后称重，两次恒重不超过0.0005g。

（3）计算试样中不可滤残渣含量。

五、数据处理

（1）试样中总残渣含量：

项　　目	1	2
蒸发皿质量 B/g		
总残渣和蒸发皿质量 A/g		
试样体积/mL		
总残渣/mg · L^{-1}		
总残渣平均值/mg · L^{-1}		

（2）试样中不可滤残渣含量：

项　　目	1	2
滤膜和称量瓶质量 B/g		
悬浮物、滤膜、称量瓶质量 A/g		
试样体积/mL		
不可滤残渣/mg · L^{-1}		
不可滤残渣平均值/mg · L^{-1}		

六、注意事项

（1）树叶、木棒、水草等杂质应先从水中去除。

（2）废水黏度高时，可加2~4倍蒸馏水稀释，振荡均匀，待沉淀物下降后再过滤。

七、思考题

（1）水样中可滤残渣如何测定？

（2）不可滤残渣（水质悬浮物）测定依据的国标是什么？

实验四　水电导率的测定（电导率仪法）

一、实验目的

（1）了解水质电导率的含义；

（2）掌握水质电导率测定的原理及方法。

二、实验组织运行要求

根据本实验的特点、要求和具体条件，采用分组实验的方法，每组四位学生，便于学生互相讨论和监督。

方法介绍：电导率是以数字表示溶液传导电流的能力。纯水电导率很小，当水中含无机酸、碱或盐时，使电导率增加。电导率常用于间接推测水中离子成分的总浓度。水溶液的电导率取决于离子的性质和浓度、溶液的温度和黏度等。

电导率的标准单位是 S/m（即，西门子/米），一般实际使用单位为 mS/m。

单位间的互换为：1mS/m = 0.01mS/cm = 10μS/cm

新蒸馏水电导率为 0.05～0.2mS/m，存放一段时间后，由于空气中的二氧化碳或氨的溶入，电导率可上升至 0.2～0.4mS/m；饮用水电导率在 5～150mS/m 之间；海水电导率大约为 3000mS/m；清洁河水电导率约为 10mS/m。电导率随温度变化而变化，温度每升高 1℃，电导率增加约 2%，通常规定 25℃ 为测定电导率的标准温度。

三、实验原理

由于电导是电阻的倒数，因此，当两个电极（通常为铂电极或铂黑电极）插入溶液中，可以测出两电极间的电阻 R。根据欧姆定律，温度一定时，这个电阻值与电极的间距 L(cm) 成正比，与电极的截面积 A(cm^2) 成反比，即：

$$R = \rho \frac{L}{A}$$

由于电极面积 A 与间距 L 都是固定不变的，故 L/A 是一常数，称电导池常数（以 Q 表示）。比例常数 ρ 叫作电阻率。其倒数 $1/\rho$ 称为电导率，以 κ 表示。

$$S = \frac{1}{R} = \frac{1}{\rho Q}$$

式中，S 表示电导度，反映导电能力的强弱。所以，$\kappa = QS$ 或 $\kappa = Q/R$。当已知电导池常数，并测出电阻后，即可求出电导率。

样品保存：水样采集后应尽快分析，如果不能在采样后 24h 之内进行分析，样品应贮存于聚乙烯瓶中，并满瓶封存，于 4℃ 冷暗处保存，测定前应预热至 25℃。不得加保存剂。

干扰及消除：样品中含有粗大悬浮物质、油和脂干扰测定。可先测水样，再测校准溶液，以了解干扰情况。若有干扰，应过滤或萃取除去之。

四、仪器与试剂

（一）仪器

（1）电导率仪：误差不超过1%。

（2）温度计：能读至0.1℃。

（3）恒温水浴锅：25±0.2℃。

（二）试剂

（1）纯水：将蒸馏水通过离子交换柱，电导率小于0.1mS/m。

（2）0.0100mol/L标准氯化钾溶液：称取0.7456g于105℃干燥2h并冷却后的氯化钾，溶解于纯水中，于250℃定容至1000mL。此溶液在25℃时电导率为141.3mS/m。

五、分析步骤

注意阅读各种型号的电导率仪使用说明书。

（一）电导池常数测定

（1）用0.0100mol/L标准氯化钾溶液冲洗电导池三次。

（2）将此电导池注满标准溶液，放入恒温水浴中约15min。

（3）测定溶液电阻R_{KCl}。更换标准液后再进行测定，重复数次，使电阻稳定在±2%范围内，取其平均值。

（4）用公式$Q=\kappa R_{KCl}$计算。对于0.01mol/L氯化钾溶液，在25℃时$\kappa=141.3$mS/m，则：

$$Q=141.3R_{KCl}$$

（二）样品测定

用水冲洗数次电导池，再用水样冲洗后，装满水样，同（一）（3）步骤测定水样电阻R。由已知电导池常数Q，得出水样电导率κ。同时记录测定温度。

$$\kappa=\frac{Q}{R}=\frac{141.3R_{KCl}}{R}$$

式中 R_{KCl}——0.01mol/L标准氯化钾溶液电阻；

R——水样电阻；

Q——电导池常数。

当测定时水样温度不是25℃时，应报出的25℃时电导率为：

$$\kappa_s=\kappa_t/1+a(t-25)$$

式中 κ_s——25℃时电导率，mS/m；

κ_t——测定时t温度下电导率，mS/m；

a——各离子电导率平均温度系数，取为0.022；

t——测定时温度，℃。

六、注意事项

（1）最好使用和水样电导率相近的氯化钾标准溶液测定电导池常数。

（2）如使用已知电导池常数的电导池，不需测定电导池常数，可调节好仪器直接测定，但要经常用标准氯化钾溶液校准仪器。

七、思考题

水的电导率用什么表示？比较不同水质电导率的大小。

实验五 水和废水 pH 值的测定（玻璃电极法）

一、实验目的

（1）了解 pH 值的定义；

（2）掌握玻璃电极法测定水样 pH 值的原理及方法。

二、实验组织运行要求

根据本实验的特点、要求和具体条件，采用分组实验的方法，每组三位学生，便于学生互相讨论和监督。

三、实验原理

玻璃电极法测定水样的 pH 值是以 pH 玻璃电极为指示电极，饱和甘汞电极为参比电极，与被测水样组成工作电池，再用 pH 计测量工作电动势，由 pH 计直接读取 pH 值。

四、实验条件

（一）仪器

（1）酸度计或离子计。

（2）玻璃电极、饱和甘汞电极或复合电极。

（二）试剂

（1）标准缓冲溶液的配制。标准缓冲溶液按表 2-1 规定数量称取试剂，溶于 25℃水中，在容量瓶内定容至 1000mL。

表 2-1 标准缓冲溶液的制备

标准溶液中溶质的质量摩尔浓度/$mol \cdot L^{-1}$	25℃的 pH	每 1000mL 水溶液所需药品量
基本标准酒石酸氢钾（25℃饱和）	3.557	6.4kg $HC_4H_4O_6$①
0.05mol/L 柠檬酸二氢钾	3.776	11.4g $KH_2C_6H_5O_7$
0.05mol/L 邻苯二甲酸氢钾	4.008	11.4g $KH_2C_6H_5O_7$
0.025mol/L 磷酸二氢钾+0.025mol/L 磷酸氢二钠	6.865	3.388g KH_2PO_4+3.533g $Na_2HPO_4$②③
0.008695mol/L 磷酸二氢钾+0.03043mol/L 磷酸氢二钠	7.413	1.179g KH_2PO_4+4.302g $Na_2HPO_4$②③
0.01mol/L 硼砂	9.180	3.80g $Na_2B_4O_7 \cdot 10H_2O$③
0.025mol/L 碳酸氢钠+0.025mol/L 碳酸钠	10.012	2.092g $NaHCO_3$+2.640g Na_2CO_3
辅助标准 0.05mol/L 乙二酸三氢钾	1.679	12.61g $KH_3C_4O_2 \cdot H_2O$④
氢氧化钙（25℃）	12.454	1.5g $Ca(OH)_2$①

①大约溶解度；

②在 110~130℃烘 2~3h；

③必须用新煮沸并冷却的蒸馏水（不含 CO_2）配制；

④别名草酸三氢钾，使用前在（54±3）℃干燥 4~5h。

（2）五种标准溶液。

1）酒石酸氢钾（25℃饱和）；

2）邻苯二甲酸氢钾，0.05mol/L；

3）磷酸二氢钾，0.025mol/L；
磷酸氢二钠，0.025mol/L；

4）磷酸二氢钾，0.008695mol/kg；
磷酸氢二钠，0.03043mol/kg；

5）硼砂，0.01mol/kg。

这里溶剂为水。

五、实验步骤

（1）采样：按采样要求，采取具有代表性的水样。

（2）仪器校准：操作程序按仪器使用说明书进行。

1）测定标液与水样（两者温差应在±1℃之内）温度，并将仪器温度补偿旋钮调至该温度上。

2）用标准缓冲溶液校正仪器，采用二点校正法，具体步骤请参阅仪器分析有关内容。

（3）样品测定：先用蒸馏水冲洗电极，再用水样冲洗，然后将电极浸入样品中，小心摇动烧杯或进行搅拌，以加速电极平衡，静置，待读数稳定时记下 pH 值。

六、注意事项

（1）测量结果的准确度，首先取决于标准缓冲溶液 pH 标准值的准确度，因此，应按 GB 11076—1989《pH 测量用缓冲溶液制备方法》制备、保存缓冲溶液。

（2）应按规范选择、处理和安装玻璃电极和甘汞电极。

（3）测定水样的 pH 值最好在现场进行，否则，应在采样后把样品保持在 0~4℃，并在采样后 6h 之内进行测定。

（4）测定 pH 时，为减少空气和水样中二氧化碳的溶入或挥发，在测水样之前，不应提前打开水样瓶。

（5）玻璃电极表面受到污染时，需进行处理。如果系附着无机盐结垢，可用温稀盐酸溶解，对钙镁等难溶性结垢，可用 EDTA 二钠溶液溶解；沾有油污时，可用丙酮清洗。电极按上述方法处理后，应在蒸馏水中浸泡一昼夜再使用。注意忌用无水乙醇、脱水性洗涤剂处理电极。

七、思考题

（1）正常水的 pH 是多少？

（2）引起水体超出正常 pH 的因素有哪些？

八、实验报告

实验报告应包括下列内容：

（1）取样日期、时间和地点；

（2）样品的保存方法；

（3）测定样品的日期和时间；

（4）测定时样品的温度；

（5）测定的结果（pH 值应取最近于 0.1pH 单位，如有特殊要求，可根据需要及仪器的精确度确定结果的有效数字位数）；

（6）其他需说明的情况。

实验六　溶解氧（DO）的测定

方法一　碘量法

一、实验目的

（1）掌握碘量法测定水中溶解氧（DO）的原理和方法；
（2）巩固滴定分析操作过程。

二、实验原理

溶于水中的氧称为溶解氧，当水体受到还原性物质污染时，溶解氧即下降，而有藻类繁殖时，溶解氧呈过饱和，因此，水体中溶解氧的变化情况，在一定程度上反映了水体受污染的程度，正常水样溶解氧为8~12mg/L。

在水样中分别加入硫酸锰和碱性碘化钾，水中的溶解氧会将低价锰氧化成高价锰，生成四价锰的氢氧化物棕色沉淀。加酸后，沉淀溶解并与碘离子反应，释出游离碘。用淀粉作指示剂，用硫代硫酸钠滴定释出的碘，从而可计算出水样中溶解氧的含量。反应式如下：

$$MnSO_4 + 2NaOH = Mn(OH)_2\downarrow(\text{白色}) + Na_2SO_4$$

$$2Mn(OH)_2 + O_2 = 2MnO(OH)_2\downarrow(\text{棕色})$$

$$MnO(OH)_2 + 2KI + 2H_2SO_4 = I_2 + MnSO_4 + K_2SO_4 + 3H_2O$$

$$I_2 + 2Na_2S_2O_3 = 2NaI + Na_2S_4O_6(\text{连四硫酸钠})$$

$$DO = \frac{c \cdot V \times 8 \times 1000}{100}(O_2,\ mg/L)$$

式中　c——硫代硫酸钠溶液浓度，mol/L；
　　V——滴定时消耗硫代硫酸钠体积，mL；
　　8——氧（1/2O）摩尔质量，g/mol。

三、实验仪器及试剂

（一）仪器

250mL具塞试剂瓶，50mL酸式滴定管，移液管，量筒，250mL碘量瓶。

（二）试剂

（1）硫酸锰溶液：称取$MnSO_4 \cdot 4H_2O$ 480g或$MnSO_4 \cdot 2H_2O$ 400g溶于蒸馏水中，过滤并稀释至1000mL。

（2）碱性碘化钾溶液：称取500g氢氧化钠溶于300~400mL蒸馏水中，冷却。另将150g碘化钾溶于200mL蒸馏水中，慢慢加入已冷却的氢氧化钠溶液，摇匀后用蒸馏水稀释至1000mL，贮于塑料瓶中。

（3）1%淀粉指示液：称取2g可溶性淀粉，溶于少量蒸馏水中，用玻璃棒调成糊状；

慢慢加入（边加边搅拌）刚煮沸的200mL蒸馏水中，冷却后加入0.25g水杨酸或0.8g氯化锌$ZnCl_2$为防腐剂。此溶液遇碘应变为蓝色，如变成紫色表示已有部分变质，要重新配制，临用时配制。

（4）0.013mol/L硫代硫酸钠溶液：称取3.2g硫代硫酸钠（$Na_2S_2O_3 \cdot 5H_2O$，$M=248.17$）溶于煮沸放冷的蒸馏水中，加入0.2g碳酸钠，用水稀释至1000mL，贮于棕色瓶中，使用前用重铬酸钾溶液，$c(1/6K_2Cr_2O_7) = 0.02500$mol/L标准溶液标定。

四、实验步骤

（1）水样的采集。用量筒量取440mL水样，沿瓶壁直接倾注溶解氧试剂瓶中。

（2）溶解氧的固定。用吸量管吸取2mL的硫酸锰溶液，然后插入溶解氧瓶的液面下放开，让溶液充分与水样混合，同样方法取4mL碱性碘化钾溶液于溶解氧瓶中，盖好瓶盖，颠倒混合数次，静置。待棕色沉淀物降至半瓶时，再颠倒混合一次，待沉淀物降到瓶底。

（3）碘析出。轻轻打开瓶塞，立即用量筒移取4.0mL浓硫酸，加入溶解氧瓶中，小心盖好瓶塞，颠倒混合摇匀，至沉淀物全部溶解为止（如不溶再加硫酸直至溶解为止），放置暗处5min。

（4）滴定。移取100.0mL上述溶液于250mL锥形瓶中，用硫代硫酸钠滴定至溶液呈淡黄色（红棕色至淡黄色），加1mL淀粉溶液，继续滴定至蓝色刚好褪去为止，记录硫代硫酸钠用量。平行2次。

五、实验数据及处理

记录所用硫代硫酸钠体积，分别计算DO的含量，求其平均值

测定次数	1	2
$Na_2S_2O_3$体积/mL		
DO/mg·L^{-1}		
平均值		

六、思考题

测定溶解氧时干扰物质有哪些？如何处理？

方法二 溶氧仪测定法

一、实验目的

掌握溶解氧仪的原理和使用方法。

二、实验原理

氧在水中的溶解度取决于温度、压力和水中溶解的盐。溶解氧分析仪传感部分是由金电极（阴极）和银电极（阳极）及氯化钾或氢氧化钾电解液组成，氧通过膜扩散进入电解液与金电极和银电极构成测量回路。当给溶解氧分析仪电极加上0.6~0.8V的极化电压

时，氧通过膜扩散，阴极释放电子，阳极接受电子，产生电流，整个反应过程为：阳极 $Ag + Cl \rightarrow AgCl + 2e$ 阴极 $O_2 + 2H_2O + 4e \rightarrow 4OH^-$。根据法拉第定律：流过溶解氧分析仪电极的电流和氧分压成正比，在温度不变的情况下电流和氧浓度之间呈线性关系。

三、实验试剂和仪器

溶解氧测定仪、亚硫酸钠的饱和水溶液。

四、实验步骤

（一）启动仪器

接通电源或安装电池，启动仪器。

（二）仪器的测量

（1）温度测量。将温度电极接头插入仪器上对应的插座上，把温度电极放入待测溶液中，按测量键进行测量，待数值稳定后或出现 OK，按确认键结束，按确认键返回主菜单。

（2）溶解氧测量。将温度电极插入仪器上所对应的插座上，溶解氧电极的插头插入标有 DO 的插孔上，按左移或右移键，将光标移至 DO 下方，把温度和溶解氧电极都放入待测溶液中，按测量键进行测量，轻轻摇晃溶解氧电极，仪器先会对温度进行测量，数值稳定后按确认键测量溶解氧，或待温度数值出现 OK 后仪器会直接对溶解氧进行测量，待溶解氧数值稳定后或出现 OK，按确认键结束，返回主菜单。

五、注意事项

溶解氧电极要注意氧膜的保护，不要让尖硬物碰到氧膜更不要用手触摸氧膜。使用后尽量将电极放入水中保存，其水面刚过氧膜即可，不要超过氧电极的焊点处。

（1）日常维护：仪表的日常维护主要包括定期对电极进行清洗、校验、再生。1~2 周应清洗一次电极，如果膜片上有污染物，会引起测量误差。清洗时应小心，注意不要损坏膜片。将电极放入清水中涮洗，如污物不能洗去，用软布或棉布小心擦洗。

（2）2~3 月应重新校验一次零点和量程。

（3）电极的再生大约 1 年左右进行一次。当测量范围调整不过来，就需要对溶解氧电极再生。电极再生包括更换内部电解液、更换膜片、清洗银电极。如果观察银电极有氧化现象，可用细砂纸抛光。

（4）在使用中如发现电极泄露，就必须更换电解液。

实验七　水样氨氮的测定（纳氏试剂比色法）

一、实验目的

（1）掌握纳氏试剂比色法测定氨氮的原理及方法；
（2）掌握氨氮水样预处理——蒸馏法的方法。

二、实验原理

氨氮的测定方法，通常有纳氏试剂比色法、苯酚-次氯酸盐（或水杨酸-次氯酸盐）比色法和电极法等。纳氏试剂比色法具有操作简便、灵敏等特点，但钙、镁、铁等金属离子、硫化物、醛、酮类，以及水中色度和混浊等干扰测定，需要相应的预处理。氨氮含量较高时，可采用蒸馏-酸滴定法。

碘化汞和碘化钾的碱性溶液与氨反应生成淡红棕色胶态化合物，其色度与氨氮含量成正比，通常可在波长420nm范围内测其吸光度，计算其含量。

反应式为：$2K_2[HgI_4] + 3KOH + NH_3 \longrightarrow NH_2Hg_2IO + 7KI + 2H_2O$

本法最低检出浓度为0.025mg/L（光度法），测定上限为2mg/L。采用目视比色法，最低检出浓度为0.02mg/L。水样作适当的预处理后，本法可适用于地面水、地下水、工业废水和生活污水。

三、仪器和试剂

（一）仪器

氨氮蒸馏装置、250mL烧瓶、氮球、直形冷凝管、分光光度计。

（二）试剂

配制试剂用水均应为无氨水。

（1）无氨水。可选用下列方法之一进行制备：

1）蒸馏法：每升蒸馏水中加0.1mL硫酸，在全玻璃蒸馏器中重蒸馏，弃去50mL初馏液，接取其余馏出液于具塞磨口的玻璃瓶中，密塞保存。

2）离子交换法：使蒸馏水通过强酸性阳离子交换树脂柱。

（2）1mol/L盐酸溶液。

（3）1mol/L氢氧化钠溶液。

（4）轻质氧化镁（MgO）：将氧化镁在500℃下加热，以除去碳酸盐。

（5）0.05%溴百里酚蓝指示液（pH6.0~7.6）。

（6）吸收液：硼酸溶液：称取20g硼酸溶于水，稀释至1L。

（7）纳氏试剂：称取16g氢氧化钠，溶于50mL水中，充分冷却至室温。另称取7g碘化钾和10g碘化汞（HgI_2）溶于水，然后将此溶液在搅拌下徐徐注入氢氧化钠溶液中。用水稀释至100mL，贮于聚乙烯瓶中，密塞保存。

（8）酒石酸钾钠溶液：称取50g酒石酸钾钠（$KNaC_4H_4O_6 \cdot 4H_2O$）溶于100mL水中，加热煮沸以除去氨，放冷，定容至100mL。

（9）铵标准贮备溶液：称取 3.819g 经 100℃ 干燥过的氯化铵（NH_4Cl）溶于水中，移入 1000mL 容量瓶中，稀释至标线。此溶液每毫升含 1.00mg 氨氮。

（10）铵标准使用溶液：移取 5.00mL 铵标准贮备液于 500mL 容量瓶中，用水稀释至标线。此溶液每毫升含 0.010mg 氨氮。

四、测定步骤

（一）水样蒸馏预处理

量取 25mL 硼酸溶液于 100mL 烧杯中作为吸收液，取 100mL 水样，移入烧瓶中，用氢氧化钠溶液或盐酸溶液调节至 pH=7 左右。加入适量的氧化镁（约 0.1g）和数粒玻璃珠，立即连接蒸馏器和冷凝管，接收器下端插入吸收液液面下。加热蒸馏，至馏出液达 90mL 时，停止蒸馏。转移并加水用容量瓶定容至 100mL。

注意：实验完毕后要回收玻璃珠，切不可倒掉。

（二）标准曲线的绘制

吸取 0mL、0.20mL、0.50mL、1.00mL、2.00mL、3.00mL、4.00mL 和 5.00mL 铵标准使用液于 25mL 比色管中，加 1.0mL 酒石酸钾钠溶液，加 1.0mL 纳氏试剂，加水稀至标线，混匀。放置 5min 后，在波长 420nm 处，用光程 2cm 比色皿，以空白为参比，测定吸光度。以铵含量（mg）对吸光度作标准曲线。

（三）水样的测定

分别取 3.0mL、5.0mL 馏出液（体积随水样不同而不同），加入 25mL 比色管中，加 1.0mL 酒石酸钾钠溶液，加入 1.0mL 纳氏试剂，混匀。稀释至 25.00mL，放置 5min 后，同标准曲线步骤测量吸光度。

五、数据处理

（1）绘制以吸光度对铵含量（mg）的标准曲线。

铵标液体积/mL	0	0.20	0.50	1.00	2.00	3.00	4.00	5.00
铵含量/mg								
吸光度 *A*								

（2）从标准曲线上查得氨氮含量（mg）。计算馏出液中氨氮总量（mg），并计算原水样的氨氮含量（mg/L）。

$$\text{氨氮}(\mathrm{N},\ \mathrm{mg/L}) = \frac{m}{V} \times 1000$$

式中　m——馏出液中氨氮总量，mg；

　　　V——水样体积，mL。

蒸馏水样体积/mL	3.0	5.0
吸光度 *A*		
氨氮的量/mg		
馏出液中氨氮总量/mg		

续表

蒸馏水样体积/mL	3.0	5.0
水样中氨氮含量/mg · L^{-1}		
平均值/mg · L^{-1}		

六、思考题

(1) 测定氨氮时，加入酒石酸钾钠的目的是什么？

(2) 水样蒸馏预处理时，为什么要加入少量轻质氧化镁？

实验八　水中总氮的测定（碱性过硫酸钾消解紫外分光光度法）

一、实验目的

（1）了解紫外分光光度法原理；

（2）掌握水样品的消化及分析方法。

二、实验原理

在60℃以上水溶液中，过硫酸钾可分解产生硫酸氢钾和原子态氧，硫酸氢钾在溶液中离解而产生氢离子，故在氢氧化钠的碱性介质中可促使分解过程趋于完全。

分解出的原子态氧在120~124℃条件下，可使水样中含氮化合物的氮元素转化为硝酸盐。并且在此过程中有机物同时被氧化分解。可用紫外分光光度法于波长220nm和275nm处，分别测出吸光度A_{220}及A_{275}，按照下式求出校正吸光度A：

$$A = A_{220} - 2A_{275}$$

按A的值查校准曲线并计算总氮（以NO_3-N计）含量。

三、仪器和试剂

（一）试剂

（1）水，无氨。按下述方法之一制备：

1）离子交换法：将蒸馏水通过一个强酸型阳离子交换树脂（氢型）柱，流出液收集在带有密封玻璃盖的玻璃瓶中。

2）蒸馏法：在1000mL蒸馏水中，加入0.10mL硫酸。并在全玻璃蒸馏器中重蒸馏，弃去前50mL馏出液，然后将馏出液收集在带有玻璃塞的玻璃瓶中。

（2）氢氧化钠溶液，200g/L：称取20g氢氧化钠（NaOH），溶于水（1）中，稀释至100mL。

（3）氢氧化钠溶液，20g/L：将溶液（2）稀释10倍而得。

（4）碱性过硫酸钾溶液：称取40g过硫酸钾（$K_2S_2O_8$），另称取15g氢氧化钠（NaOH），溶于无氨水中，稀释至1000mL，溶液存放在聚乙烯瓶内，最长可贮存一周。

（5）盐酸溶液，1+9。

（6）硝酸钾标准溶液。

1）硝酸钾标准贮备液，c =100mg/L：硝酸钾（KNO_3）在105~110℃烘箱中干燥3h，在干燥器中冷却后，称取0.7218g，溶于无氨水中，移至1000mL容量瓶中，用无氨水稀释至标线在0~10℃暗处保存，或加入1~2mL三氯甲烷保存，可稳定6个月。

2）硝酸钾标准使用液，c=10mg/L：将贮备液用无氨水稀释10倍而得。使用时配制。

（7）硫酸溶液，1+35。

（二）仪器和设备

（1）紫外分光光度计及10mm石英比色皿。

（2）医用手提式蒸气灭菌器或家用压力锅（压力为1.1~1.4kg/cm），锅内温度相当于120~124℃。

（3）具玻璃磨口塞比色管，25mL。

所用玻璃器皿可以用盐酸（1+9）或硫酸（1+35）浸泡，清洗后再用无氨水冲洗数次。

采样和试样制备注意事项：

在水样采集后立即放入冰箱中或低于4℃的条件下保存，但不得超过24h。水样放置时间较长时，可在1000mL水样中加入约0.5mL硫酸，酸化到pH小于2，并尽快测定。样品可贮存在玻璃瓶中。在试样制备时，取实验室样品用氢氧化钠溶液或硫酸溶液调节pH至5~9从而制得试样。

四、分析步骤

（一）测定

（1）用无分度吸管取10.00mL试样（C_N超过100μg时，可减少取样量并加无氨水稀释至10mL）置于比色管中。

（2）试样不含悬浮物时，按下述步骤进行。

1）加入5mL碱性过硫酸钾溶液，塞紧磨口塞用布及绳等方法扎紧瓶塞，以防弹出。

2）将比色管置于医用手提蒸气灭菌器中，加热，使压力表指针到1.1~1.4kg/cm，此时温度达120~124℃后开始计时。或将比色管置于家用压力锅中，加热至顶压阀吹气时开始计时。保持此温度加热半小时。

3）冷却、开阀放气，移去外盖，取出比色管并冷至室温。

4）加盐酸（1+9）1mL，用无氨水稀释至25mL标线，混匀。

5）移取部分溶液至10mm石英比色皿中，在紫外分光光度计上，以无氨水作参比，分别在波长为220nm与275nm处测定吸光度，并计算出校正吸光度A。

（3）试样含悬浮物时，先按上述（一）（2）中1）~4）步骤进行，然后待澄清后移取上清液到石英比色皿中。再按上述（一）（2）中5）步骤继续进行测定。

（二）空白试验

空白试验除以10mL无氨水代替试样外，采用与测定完全相同的试剂、用量和分析步骤进行平行操作。

注：当测定在接近检测限时，必须控制空白试验的吸光度A_b不超过0.03，超过此值，要检查所用水、试剂、器皿和家用压力锅或医用手提灭菌器的压力。

（三）校准

（1）校准系列的制备：

1）用分度吸管向一组（10支）比色管中，分别加入硝酸盐氮标准使用溶液0.0mL，0.10mL，0.30mL，0.50mL，0.70mL，1.00mL，3.00mL，5.00mL，7.00mL，10.00mL。加无氨水稀释至10.00mL。

2）按（一）（2）中1）~5）步骤进行测定。

（2）校准曲线的绘制：

零浓度（空白）溶液和其他硝酸钾标准使用溶液（6）2）制得的校准系列完成全部分析步骤，于波长220nm和275nm处测定吸光度后，分别按下式求出除零浓度外其他校准系列的校正吸光度 A_s 和零浓度的校正吸光度 A_b 及其差值 A_r

$$A_s = A_{s220} - A_{s275}$$

$$A_b = A_{b220} - A_{b275}$$

$$A_r = A_s - A_b$$

式中　A_{s220}——标准溶液在220nm波长的吸光度；

A_{s275}——标准溶液在275nm波长的吸光度；

A_{b220}——零浓度（空白）溶液在220nm波长的校正吸光度；

A_{b275}——零浓度（空白）溶液在275nm波长的校正吸光度。

按 A 值与相应的 NO_3—N含量（μg）绘制校准曲线。

结果计算：

计算得试样校正吸光度 A_r 在校准曲线上查出相应的总氮含量，总氮含量 C_N(mg/L)按下式计算：

$$C_N = \frac{m}{V}$$

式中　m——试样测出含氮量，μg；

V——测定用试样体积，mL。

五、思考题

（1）水中的总氮包括哪些氮？

（2）测定水质总氮的意义是什么？

实验九 水中总磷的测定（钼酸铵分光光度法）

一、实验目的

（1）了解水中总磷的测定原理；

（2）掌握水样品的消化及分析方法。

二、实验原理

在中性条件下用过硫酸钾（或硝酸-高氯酸）使试样消解，将所含磷全部氧化为正磷酸盐。在酸性介质中，正磷酸盐与钼酸铵反应，在锑盐存在下生成磷钼杂多酸后，立即被抗坏血酸还原，生成蓝色的络合物。

三、实验条件

（一）试剂

本标准所用试剂除另有说明外，均应使用符合国家标准或专业标准的分析试剂和蒸馏水或同等纯度的水。

（1）硫酸（H_2SO_4），密度为1.84g/mL。

（2）硝酸（HNO_3），密度为1.4g/mL。

（3）氯酸（$HClO_4$），优级纯，密度为1.68g/mL。

（4）硫酸（H_2SO_4），1+1。

（5）硫酸，约 c（$1/2H_2SO_4$）= 1mol/L：将27mL硫酸（1）加入到973mL水中。

（6）氢氧化钠（NaOH），1mol/L溶液：将40g氢氧化钠溶于水并稀释1000mL。

（7）氢氧化钠（NaOH），6mol/L溶液：将240g氢氧化钠溶于水并稀释至1000mL。

（8）过硫酸钾（$K_2S_2O_4$），50g/L溶液：将5g过硫酸钾溶解于水，并稀释至100mL。

（9）抗坏血酸，100g/L溶液：溶解10g抗坏血酸于水中，并稀释至100mL。此溶液贮于棕色的试剂瓶中，在冷处可稳定几周。如不变色可长时间使用。

（10）钼酸盐溶液：溶解13g钼酸铵于100mL水中。溶解0.35g酒石酸锑钾于100mL水中。在不断搅拌下把钼酸铵溶液徐徐加到300mL硫酸（4）中，加酒石酸锑钾溶液并且混合均匀。此溶液贮存于棕色试剂瓶中，在冷处可保存两个月。

（11）浊度-色度补偿液：混合两个体积硫酸（4）和一个体积抗坏血酸溶液（9）。使用当天配制。

（12）磷标准贮备溶液：称取0.2197±0.001g于110℃干燥2h在干燥器中放冷的磷酸二氢钾，用水溶解后转移至1000mL容量瓶中，加入大约800mL水、加5mL硫酸（4）用水稀释至标线并混匀。1.00mL此标准溶液含50.0μg磷。本溶液在玻璃瓶中可贮存至少六个月。

（13）磷标准使用溶液：将10.0mL的磷标准溶液（12）转移至250mL容量瓶中，用水稀释至标线并混匀。1.00mL此标准溶液含2.0μg磷。使用当天配制。

（14）酚酞，10g/L溶液：0.5g酚酞溶于50mL 95%乙醇中。

（二）仪器

实验室常用仪器设备和下列仪器。

（1）医用手提式蒸气消毒器或一般压力锅（1.1~1.4kg/cm^2）。

（2）50mL具塞（磨口）比色管。

（3）分光光度计。

注：所有玻璃器皿均应用稀盐酸或稀硝酸浸泡。

四、分析步骤

（一）样品及其制备

采取500mL水样后加入1mL硫酸（1∶1）调节样品的pH值，使之低于或等于1，或不加任何试剂于冷处保存。

注：含磷量较少的水样，不要用塑料瓶采样，因易磷酸盐吸附在塑料瓶壁上。

试样的制备：

取25mL样品于具塞比色管中。取时应仔细摇匀，以得到溶解部分和悬浮部分均具有代表性的试样。如样品中含磷浓度较高，试样体积可以减少。

（二）分析步骤

（1）空白试样：用水代替试样，并加入与测定样品时相同体积的试剂。

测定：

（2）消解：过硫酸钾消解：向试样中加4mL过硫酸钾，将具塞刻度管的盖塞紧后，用一小块布和线将玻璃塞扎紧（或用其他方法固定），放在大烧杯中置于高压蒸气消毒器中加热，待压力达1.1kg/cm^2，相应温度为120℃时，保持30min后停止加热。待压力表读数降至零后，取出放冷。然后用水稀释至标线。

注：如用硫酸保存水样。当用过硫酸钾消解时，需先将试样调至中性。

硝酸-高氯酸消解：取25mL试样于锥形瓶中，加数粒玻璃珠，加2mL硝酸在电热板上加热浓缩至1.0mL。冷后加5mL硝酸，再加热浓缩至10mL，放冷。加3mL高氯酸，加热至高氯酸冒白烟，此时可在锥形瓶上加小漏斗或调节电热板温度，使消解液在锥形瓶内壁保持回流状态，直至剩下3~4mL，放冷。

加水10mL，加1滴酚酞指示剂，滴加氢氧化钠溶液至刚呈微红色，再滴加硫酸溶液使微红刚好褪去，充分混匀。移至具塞刻度管中，用水稀释至标线。

注：

1）用硝酸-高氯酸消解需要在通风橱中进行。高氯酸和有机物的混合物经加热易发生危险，需将试样先用硝酸溶解，然后再加入硝酸-高氯酸进行消解。

2）绝不可把消解的试样蒸干。

3）如消解后有残渣时，用滤纸过滤于具塞刻度管中，并用水充分清洗锥形瓶及滤纸，一并移到具塞刻度管中。

4）水样中的有机物用过硫酸钾氧化不能完全破坏时，可用此法消解。

（3）显色：分别向各份消解液中加入1mL抗坏血酸溶液混匀，30s后加2mL钼酸盐溶液充分混匀。

注：

1）如试样中含有浊度或色度时，需配制一个空白试样（消解后用水稀释至标线）然后向试样中加入3mL浊度—色度补偿液（11），但不加抗坏血酸溶液和钼酸盐溶液。然后从试样的吸光度中扣除空白试样的吸光度。

2）砷大于2mg/L干扰测定，用硫代硫酸钠去除。硫化物大于2mg/L干扰测定，通氮气去除。铬大于50mg/L干扰测定，用亚硫酸钠去除。

（4）分光光度测量

室温下放置15min后，使用光程为30mm比色皿，在700nm波长下，以水做参比，测定吸光度。扣除空白试验的吸光度后，从工作曲线上查得磷的含量。

注：如显色时室温低于13℃，可在20~30℃水浴上显色15min即可。

（5）工作曲线的绘制

取7支具塞比色管分别加入0.0mL，0.50mL，1.00mL，3.00mL，5.00mL，10.0mL，15.0mL磷酸盐标准溶液（13），加水至25mL，然后按测定步骤（2）进行处理，以水做参比，测定吸光度。扣除空白试验的吸光度后，和对应的磷的含量绘制工作曲线。

（三）结果的表示

总磷含量以C(mg/L)表示，按下式计算：

$$C = m/V$$

式中　m——试样测得含磷量，μg；

　　V——测定用试样体积，mL。

五、思考题

水中的总磷包括哪些磷？

实验十 水中硫酸盐的测定（重量法）

一、实验目的

（1）了解水中硫酸盐的存在形式；
（2）掌握重量法测定水中硫酸盐。

二、实验原理

在盐酸溶液中，硫酸盐与加入的氯化钡反应形成硫酸钡沉淀，沉淀反应在接近沸腾的温度下进行，并在陈化一段时间之后过滤。用水洗到无氯离子，烘干或灼烧沉淀，称硫酸钡的重量。

三、试剂与仪器

（一）试剂

（1）盐酸，1+1。

（2）二水合氯化钡溶液，100g/L。

将100g二水合氯化钡（$BaCl_2 \cdot 2H_2O$）溶于约800mL水中，加热有助于溶解，冷却溶液并稀释至1L。贮存在玻璃或聚乙烯瓶中。此溶液能长期保持稳定。此溶液1mL可沉淀约40mgSO_4^{2-}。

注意：氯化钡有毒，谨防入口。

（3）氨水，1+1。

注意：氨水能导致烧伤，刺激眼睛，呼吸系统和皮肤。

（4）甲基红指示剂溶液，1g/L：

将0.1g甲基红钠盐溶解在水中，并稀释到100mL。

（5）硝酸银溶液，约0.1mol/L：

将1.7g硝酸银溶解于80mL水中，加0.1mL浓硝酸，稀释至100mL贮存于棕色玻璃瓶中，避光保存长期稳定。

（6）碳酸钠，无水。

（二）仪器

（1）蒸汽浴。

（2）烘箱，带恒温控制器。

（3）马福炉，带有加热指示器。

（4）干燥器。

（5）分析天平，可称准至0.1mg。

（6）滤纸，酸洗过，无灰分，经硬化处理过能阻留微细沉淀的致密滤纸，即慢速定量滤纸及中速定量滤纸。

（7）滤膜，孔径为0.45μm。

（8）熔结玻璃坩埚，约30mL。

（9）瓷坩埚，约 30mL。
（10）铂蒸发皿，250mL。

四、操作步骤

（一）预处理

（1）将量取的适量可滤态试料（例如含 50mgSO_4^{2-}）置于 500mL 烧杯中，加两滴甲基红指示剂，用适量的盐酸或者氨水调至显橙黄色，再加 2mL 盐酸，加水使烧杯中溶液的总体积至 200mL，加热煮沸至少 5min。

（2）如果试料中二氧化硅的浓度超过 25mg/L，则应将所取试料置于铂蒸发皿中，在蒸气浴上蒸发到近干，加 1mL 盐酸，将皿倾斜并转动使酸和残渣完全接触，继续蒸发到干，放在 180℃的烘箱内完全烘干。如果试料中含有机物质，就在燃烧器的火焰上炭化，然后用 2mL 水和 1mL 盐酸把残渣浸湿，再在蒸气浴上蒸干，加入 2mL 盐酸，用热水溶解可溶性残渣后过滤，用少量热水多次反复洗涤不溶解的二氧化硅，将滤液和洗液合并，按（1）调节酸度。

（3）如果需要测总量而试料中又含有不溶解的硫酸盐，则将试料用中速定量滤纸过滤，并用少量热水洗涤滤纸，将洗涤液和滤液合并，将滤纸转移到铂蒸发皿中，在低温燃烧器上加热灰化滤纸，将 4g 无水碳酸钠同皿中残渣混合，并在 900℃加热使混合物熔融，放冷，用 50mL 水将熔融混合物转移到 500mL 烧杯中，使其溶解，并与滤液和洗液合并，按（1）调节酸度。

（二）沉淀

将预处理所得的溶液加热至沸，在不断搅拌下缓慢加入（10±5）mL 热氯化钡溶液，直到不再出现沉淀，然后多加 2mL，在 80~90℃下保持不少于 2h，或在室温至少放置 6h，最好过夜以陈化沉淀。

注：缓慢加入氯化钡溶液、煮沸均为促使沉淀凝聚减少其沉淀的可能性。

（三）过滤

（1）灼烧沉淀法。用少量无灰过滤纸纸浆与硫酸钡沉淀混合，用定量致密滤纸过滤，用热水转移并洗涤沉淀，用几份少量温水反复洗涤沉淀物，直至洗涤液不含氯化物为止。滤纸和沉淀一起，置于事先在 800℃灼烧恒重后的瓷坩埚里烘干，小心灰化滤纸后（不要让滤纸烧出火焰），将坩埚移入高温炉里，在 800℃灼烧 1h 放在干燥器内冷却，称重，直至灼烧至恒重。

（2）烘干沉淀法。用在 105℃干燥并已恒重后的熔结玻璃坩埚（g4）过滤沉淀，用带橡皮头的玻璃棒及温水将沉淀定量转移到坩埚中去，用几份少量的温水反复洗涤沉淀，直至洗涤液不含氯化物。取下坩埚，并在烘箱内于（105±2）℃干燥 1~2h，放在干燥器内冷却，称重，直到干燥至恒重。

（3）洗涤过程中氯化物的检验。在含约 5mL 硝酸银溶液的小烧杯中收集约 5mL 的洗涤水，如果没有沉淀生成或者不显浑浊，即表明沉淀中已不含氯离子。

五、结果计算

硫酸根（SO_4^{2-}）的含量 m(mg/L) 按下式进行计算：

$$m = \frac{m_1 \times 411.6 \times 1000}{V}$$

式中　m_1——从试料中沉淀出来的硫酸钡重量，g；

V——试料的体积，mL；

411.6——$BaSO_4$质量换算为SO_4^{2-}系数（0.4116×10^3）。

六、注意事项

（1）使用过的熔结玻璃坩埚的清洗，可用每升含 5g 2Na-EDTA 和 25mL 乙醇胺 [$CH_2(OH)CH_2NH_2$] 的水溶液将坩埚浸泡一夜，然后将坩埚在抽吸情况下用水充分洗涤。

（2）用少量无灰滤纸的纸浆与硫酸钡混合，能改善过滤并防止沉淀产生蠕升现象。纸浆与过滤硫酸钡的滤纸可一起灰化。

（3）当采用灼烧法时，硫酸钡沉淀的灰化应保证空气供应充分，否则沉淀易被滤纸烧成的炭还原，灼烧后的沉淀将会呈灰色或黑色，这时可在冷后的沉淀中加入 2~3 滴浓硫酸，然后小心加热至SO_3白烟不再发生为止，再在 800℃灼烧至恒重。

实验十一　自来水中氯化物的测定（硝酸银滴定法）

一、实验目的

（1）掌握容量分析法原理；

（2）掌握测定氯化物的方法。

二、实验原理

在中性或弱碱性溶液中，以铬酸钾为指示剂，用硝酸银滴定氯化物时，由于氯化银的溶解度小于铬酸银的溶解度，氯离子首先被完全沉淀后，铬酸银才以铬酸银形式沉淀出来，产生砖红色，指示氯离子滴定的终点。沉淀滴定反应如下：

$$Ag^{+} + Cl^{-} \longrightarrow AgCl \downarrow$$

$$2Ag^{-} + CrO^{2+} \longrightarrow Ag_2CrO_4 \downarrow$$

铬酸银离子的浓度，与沉淀形成的迟早有关，必须加入足量的指示剂。且由于有稍过量的硝酸银与铬酸钾形成铬酸银沉淀的终点较难判断，所以需要以蒸馏水作空白滴定，以作对照判断（使终点色调一致）。

三、仪器与试剂

（1）锥形瓶，250mL。

（2）棕色酸式滴定管，50mL。

（3）氯化钠标准溶液（NaCl = 0. 0141mol/L）：将氯化钠置于坩埚内，在 500 ~ 600℃ 加热 4050min。冷却后称取 8. 2400g 溶于蒸馏水，置 1000mL 容量瓶中，用水稀释至标线。吸取 10. 0mL，用水定容至 100mL，此溶液每毫升含 0. 500mg 氯化物（Cl^-）。

（4）硝酸银标准溶液（$AgNO_3$ ≈ 0. 014mol/L）：称取 2. 395g 硝酸银，溶于蒸馏水并稀释至 1000mL，贮存于棕色瓶中。用氯化钠标准溶液标定其准确浓度，步骤如下：

吸取 25. 0mL 氯化钠标准溶液置 250mL 锥形瓶中，加水 25mL。另取一锥形瓶，吸取 50mL 水作为空白。各加入 1mL 铬酸钾指示液，在不断摇动下用硝酸银标准溶液滴定，至砖红色沉淀刚刚出现。

（5）铬酸钾指示液：称取 5g 铬酸钾溶于少量水中，滴加上述硝酸银至有红色沉淀生成，摇匀。静置 12h，然后过滤并用水将滤液稀释至 100mL。

（6）酚酞指示液：称取 0. 5g 酚酞，溶于 50mL95% 乙醇中，加入 50mL 水，再滴加 0. 05mol/L 氢氧化钠溶液使溶液呈微红色。

（7）硫酸溶液（$1/2H_2SO_4$）：0. 05mol/L。

（8）0. 2%（*m/V*）氢氧化钠溶液：称取 0. 2g 氢氧化钠，溶于水中并稀释至 100mL。

（9）氢氧化铝悬浮液：溶解 125g 硫酸铝钾［$KAl(SO_4)_2 \cdot 12H_2O$］或硫酸铝铵［$NH_4Al(SO_4)_2 \cdot 12H_2O$］于 1L 蒸馏水中，加热至 60℃，然后边搅拌边缓缓加入 55mL 氨水。放置约 1h 后，移至一个大瓶中，用倾泻法反复洗涤沉淀物，直到洗涤液不含氯离子为止。加水至悬浮液体积约为 1L。

（10）30%过氧化氢（H_2O_2）。

（11）高锰酸钾。

（12）95%乙醇。

四、实验步骤

（一）样品预处理

若无以下各种干扰，此预处理步骤可省去。

（1）如水样带有颜色，则取150mL水样，置于250mL锥形瓶内，或取适当的水样稀释至150mL。加入2mL氢氧化铝悬浮液，振荡过滤，弃去最初滤出的20mL。

（2）如果水样有机物含量高或色度大，用（1）法不能消除其影响时，可采用蒸干后灰化法预处理。取适量废水样于坩埚内，调节pH至8~9，在水浴上蒸干，置于马福炉中在600℃灼烧1h，取出冷却后，加10mL水使溶解，移入250mL锥形瓶，调节pH至7左右，稀释至50mL。

（3）如果水样中含有硫化物、亚硫酸盐或硫代硫酸盐，则加氢氧化钠溶液将水调节至中性或弱碱性，加入1mL 30%过氧化氢，摇匀。1min后，加热至70~80℃，以除去过量的过氧化氢。

（4）如果水样的高锰酸钾指数超过15mg/L，可加入少量高锰酸钾晶体，煮沸。加入数滴乙醇以除过多余的高锰酸钾，在进行过滤。

（二）样品测定

（1）取50mL水样或经过处理的水样（若氯化物含量高，可取适量水样用水稀释至50mL）置于锥形瓶中；另取一锥形瓶加入50mL水作空白。

（2）如水样的pH值在6.5~10.5范围时，可直接滴定，超出此范围的水样应以酚酞作指示剂，用0.05mol/L硫酸溶液或0.2%氢氧化钠溶液调节至pH为8.0左右。

（3）加入1mL铬酸钾溶液，用硝酸银标准溶液滴定至砖红色沉淀刚刚出现即为终点。同时作空白滴定。

五、数据处理

$$\text{氯化物}(\text{Cl}^-,\ \text{mg/L}) = \frac{(V_2 - V_1) \cdot M \times 35.45 \times 1000}{V}$$

式中　V_1——蒸馏水消耗硝酸银标准溶液体积，mL；

V_2——水样消耗硝酸银标准溶液体积，mL；

M——硝酸银标准溶液浓度，mol/L；

V——水样体积，mL；

35.45——氯离子（Cl^-）摩尔质量，g/mol。

六、注意事项

（1）本法滴定不能在酸性溶液中进行。在酸性介质中CrO^{2-}按下式反应而使浓度大大降低，影响等当点时Ag_2CrO_4沉淀的生成。本法也不能在强碱性介质中进行，因为Ag^+将

形成 Ag_2O 沉淀。其适应的 pH 范围为 0.5~10.5，测定时应注意调节。

（2）铬酸钾溶液的浓度影响终点到达的迟早。在 50~100mL 滴定液中加入 5%（m/V）铬酸钾溶液 1mL，使 $[CrO_2^{4-}]$ 为 2.6×10^{-3} ~ 5.2×10^{-3} mol/L。在滴定终点时，硝酸银加入量略过终点，误差不超过 0.1%，可用空白测定消除。

（3）对于矿化度很高的咸水或海水的测定，可采取下述方法扩大其测定范围：提高硝酸银标准溶液的浓度至每毫升标准溶液可作用于 2~5mg 氯化物；对样品进行稀释，稀释度可参考表 2-2。

表 2-2　高矿化度样品稀释度

比　重/$g\cdot mL^{-1}$	稀　释　度	相当取样量/mL
1.000~1.010	不稀释，取 50mL 滴定	50
1.010~1.025	不稀释，取滴定	25
1.025~1.050	25mL 稀释至 100mL，取 50mL	12.5
1.050~1.090	25mL 稀释至 100mL，取 25mL	6.25
1.090~1.120	25mL 稀释至 500mL，取 25mL	1.25
1.120~1.150	25mL 稀释至 1000mL，取 25mL	0.025

（4）饮用水中含有的各种物质在通常的数量下不发生干扰。溴化物、碘化物和氰化物均能起与氯化物相同的反应。

硫化物、硫代硫酸盐和亚硫酸盐干扰测定，可用过氧化氢处理予以消除。正磷酸盐含量超过 25mg/L 时发生干扰；铁含量超过 10mg/L 时使终点模糊，可用对苯二酚还原成亚铁消除干扰；少量有机物的干扰可用高锰酸钾处理消除。

废水中有机物含量高或色度大，难以辨别滴定终点时，用 600℃灼烧灰化法预处理废水样，效果最好，但操作手续繁琐。一般情况下尽量采用加入氢氧化铝进行沉降过滤法去除干扰。

七、思考题

样品测定时为什么要调节水样的 pH 值？

实验十二　水中氟化物的测定（氟离子选择电极法）

一、实验目的

了解和掌握测定水中氟化物的方法和原理，熟悉氟离子选择电极法的操作。

二、实验原理

将氟离子选择电极和外参比电极（如甘汞电极）浸入欲测含氟溶液，构成原电池。该原电池的电动势与氟离子活度的对数呈线性关系，故通过测量电极与已知 F^- 浓度溶液组成的原电池电动势和电极与待测 F^- 浓度溶液组成原电池的电动势，即可计算出待测水样中 F^- 浓度。常用定量方法是标准曲线法和标准加入法。

对于污染严重的生活污水和工业废水，以及含氟硼酸盐的水样均要进行蒸馏。

三、实验条件

（一）仪器

（1）氟离子选择性电极。

（2）饱和甘汞电极或银-氯化银电极。

（3）离子活度计或 pH 计，精确到 0.1mV。

（4）磁力搅拌器、聚乙烯或聚四氟乙烯包裹的搅拌子。

（5）聚乙烯杯：100mL，150mL。

（6）其他通常用的实验室设备。

（二）试剂

所用水为去离子水或无氟蒸馏水。

（1）氟化物标准贮备液：称取 0.2210g 基准氟化钠（NaF）（预先于 105~110℃烘干 2h，或者于 500~650℃烘干约 40min，冷却），用水溶解后转入 1000mL 容量瓶中，稀释至标线，摇匀。贮存在聚乙烯瓶中。此溶液每毫升含氟离子 100μg。

（2）氟化物标准溶液：用无分度吸管吸取氟化钠标准贮备液 10.00mL，注入 100mL 容量瓶中，稀释至标线，摇匀。此溶液每毫升含氟离子 10μg。

（3）乙酸钠溶液：称取 15g 乙酸钠（CH_3COONa）溶于水，并稀释至 100mL。

（4）总离子强度调节缓冲溶液（TISAB）：称取 58.8g 二水合柠檬酸钠和 85g 硝酸钠，加水溶解，用盐酸调节 pH 至 5~6，转入 1000mL 容量瓶中，稀释至标线，摇匀。

（5）2mol/L 盐酸溶液。

四、测定步骤

（一）仪器准备和操作

按照所用测量仪器和电极使用说明，首先接好线路，将各开关置于“关”的位置，开启电源开关，预热 15min，以后操作按说明书要求进行。测定前，试液应达到室温，并与标准溶液温度一致（温差不得超过±1℃）。

（二）标准曲线绘制

用无分度吸管吸取 1.00mL、3.00mL、5.00mL、10.00mL、20.00mL 氟化物标准溶液，分别置于 5 支 50mL 容量瓶中，加入 10mL 总离子强度调节缓冲溶液，用水稀释至标线，摇匀。分别移入 100mL 聚乙烯杯中，各放入一只塑料搅拌子，按浓度由低到高的顺序，依次插入电极，连续搅拌溶液，读取搅拌状态下的稳态电位值（E）。在每次测量之前，都要用水将电极冲洗净，并用滤纸吸去水分。在半对数坐标纸上绘制 $E\text{-}\lg c_F$ 标准曲线，浓度标于对数分格上，最低浓度标于横坐标的起点线上。

（三）水样测定

用无分度吸管吸取适量水样，置于 50mL 容量瓶中，用乙酸钠或盐酸溶液调节至近中性，加入 10mL 总离子强度调节缓冲溶液，用水稀释至标线，摇匀。将其移入 100mL 聚乙烯杯中，放入一只塑料搅拌子，插入电极，连续搅拌溶液，待电位稳定后，在继续搅拌下读取电位值（E_x）。在每次测量之前，都要用水充分洗涤电极，并用滤纸吸去水分。根据测得的毫伏数，由标准曲线上查得氟化物的含量。

（四）空白实验

用蒸馏水代替水样，按测定样品的条件和步骤进行测定。当水样组成复杂或成分不明时，宜采用一次标准加入法，以便减小基体的影响。其操作是：先按步骤（二）测定试液的电位值（E_1），然后向试液中加入一定量（与试液中氟的含量相近）的氟化物标准液，在不断搅拌下读取稳态电位值（E_2）。

五、计算

（一）标准曲线法

根据从标准曲线上查知稀释水样的浓度和稀释倍数即可计算水样中氟化物含量（mg/L）。

（二）标准加入法

$$c_x = (c_s \times V_s)/(V_x + V_s) \times [10 \times \Delta E/s - V_x/(V_x + V_s)]^{-1}$$

式中 c_x——水样中氟化物（F^-）浓度，mg/L；

V_x——水样体积，mL；

c_s——F^-标准溶液的浓度，mg/L；

V_s——加入 F^-标准溶液的体积，mL；

ΔE——$\Delta E=E_1-E_2$（对阴离子选择性电极），其中，E_1为测得水样试液的电位值，mV；E_2为试液中加入标准溶液后测得的电位值，mV；

s——氟离子选择性电极的实测斜率。

如果 $V_s \ll V_x$，则上式可简化为：

$$c_x = c_s \cdot V_s (10^{\Delta E/s} - 1)^{-1}/V_x$$

六、注意事项

（1）电极用后应用水充分冲洗干净，并用滤纸吸去水分，放在空气中，或者放在稀的氟化物标准溶液中。如果短时间不再使用，应洗净，吸去水分，套上保护电极敏感部位的保护帽。电极使用前仍应洗净，并吸去水分。

（2）如果试液中氟化物含量低，则应从测定值中扣除空白试验值。

（3）不得用手触摸电极的敏感膜；如果电极膜表面被有机物等沾污，必须先清洗干净后才能使用。

（4）一次标准加入法所加入标准溶液的浓度（c_s），应比试液浓度（c_x）高 10~100 倍，加入的体积为试液的 1/10~1/100，以使体系的 TISAB 浓度变化不大。

七、思考题

通过水体氟化物的检测，与国家标准比较，你认为其含量是高还是低？

实验十三 自来水中铁含量的测定（火焰原子吸收分光光度法）

一、实验目的

（1）了解原子吸收分光光度法的原理；
（2）掌握原子吸收分光光度仪的使用方法；
（3）掌握废水水样预处理操作步骤。

二、实验原理

在空气-乙炔火焰中，铁、锰的化合物易于原子化，可分别于波长 248.3nm 和 270.5nm 处，测量铁、锰基态原子对铁、锰空心阴极灯特征辐射的吸收进行定量。

三、仪器与试剂

（1）原子吸收分光光度计及稳压电源。
（2）铁、锰空心阴极灯。
（3）乙炔钢瓶或乙炔发生器。
（4）空气压缩机，应备有除水除尘装置。
（5）仪器工作条件：不同型号仪器的最佳测试条件不同，可由各实验室自己选择，表 2-3 的测试条件供参考。

表 2-3 原子吸收测定铁锰的条件

光 源	Fe	Mn
灯电流/mA	空心阴极灯 12.5	空心阴极灯 7.5
测定波长/nm	248.3	279.5
光谱通带/nm	0.2	0.2
观测高度/mm	7.5	7.5
火焰种类	空气-乙炔（氧化型）	空气-乙炔（氧化型）

（6）铁标准贮备液：准确称取光谱纯金属铁 1.000g，溶入 60mL（1+1）硝酸中，加少量硝酸氧化后，用去离子水准确稀释至 1000mL，此溶液含铁为 1.00mg/mL。

（7）锰标准贮备液：准确称取 1.000g 光谱纯金属锰（称量前用稀硫酸洗去表面氧化物，再用去离子水洗去酸，烘干。在干燥器中冷却后尽快称取），溶解于 10mL（1+1）硝酸。当锰完全溶解后，用 1%硝酸准确稀释至 1000mL，此溶液每毫升含锰 1.00mg。

（8）铁锰混合标准使用液：分别准确移取铁和锰标准贮备液 50.00mL 和 25.00mL，置 1000mL 容量瓶中，用 1%盐酸稀释至标线，摇匀。此液每毫升含铁 50.0μg，锰 25.0μg。

四、实验步骤

（一）样品预处理

对于没有杂质堵塞仪器进样管的清澈水样，可直接喷入进行测定。如测总量或含有机质较高的水样时，必须进行消解处理。处理时先将水样摇匀，分取适量水样置于烧杯中。每 100mL 水样加 5mL 硝酸，置于电热板上在近沸状态下将样品蒸至近干。冷却后，重复上述操作一次。以 1+1 盐酸 3mL 溶解残渣，用1%盐酸淋洗杯壁，用快速定量滤纸滤入 50mL 容量瓶中，以 1%盐酸稀释至标线。每分析一批样品，平行测定两个空白样。

（二）校准曲线的绘制

分别取铁锰混合标准液 0mL、1. 00mL、2. 00mL、3. 00mL、4. 00mL、5. 00mL 于 50mL 容量瓶中，用1%盐酸稀释至刻度，摇匀。用 1%盐酸调零点后，在选定的条件下测定其相应的吸光度，经空白校正后绘制浓度—吸光度校准曲线。

（三）试样的测定

在测定标准系列溶液的同时，测定试样及空白样的吸光度。由试样吸光度减去空白样吸光度，从校准曲线上求得试样中铁、锰的含量。

五、数据处理

$$\text{铁（Fe, mg/L）} = \frac{m}{V}$$

$$\text{锰（Mn, mg/L）} = \frac{m}{V}$$

式中　m——由校准曲线查得铁、锰量，μg；

　　V——水样体积，mL。

六、注意事项

（1）各种型号的仪器，测定条件不尽相同，因此，应根据仪器使用说明书选择合适条件。

（2）当样品的无机盐含量高时，采用氘灯、塞曼效应扣除背景，无此条件时，也可采用邻近吸收线法扣除背景吸收。在测定浓度容许条件下，也可采用稀释方法以减少背景吸收。

（3）硫酸浓度较高时易产生分子吸收，以采用盐酸或硝酸介质为好。

（4）影响铁、锰原子吸收法准确度的主要干扰是化学干扰。当硅的浓度大于 20mg/L 时，对铁的测定产生负干扰；当硅的浓度大于 50mg/L 时，对锰的测定也出现负干扰；这些干扰的程度随着硅浓度的增加而增加。如试样中存在 200mg/L 氯化钙时，上述干扰可以消除。一般来说，铁、锰的火焰原子吸收分析法的基本干扰不太严重，由分子吸收或光散射造成的背景吸收也可以忽略。但对于含盐量高的工业废水，则应注意基体干扰和背景校正。此外，铁、锰的光谱线较复杂，例如，在 Fe 线 248. 3nm 附近还有 248. 8nm 线；在

Mn 线 279. 5nm 附近还有 279. 8nm 和 280. 1nm 线，为克服光谱干扰，应选择最小的狭缝或光谱通带。

七、思考题

试分析火焰原子吸收分光光度法的优缺点。

实验十四　污水中铜含量的测定（电感耦合等离子体发射光谱法）

一、实验目的

（1）学习电感耦合等离子体原子发射光谱分析的基本原理及操作技术；

（2）了解电感耦合等离子体光源的工作原理；

（3）学习利用电感耦合等离子体原子发射光谱测定水样中 Cu^{2+}离子含量的方法。

二、实验原理

试液经雾化形成湿的气溶胶，在电加热室中溶剂蒸发，促使气溶胶充分气化，经冷凝器时，溶剂被冷却除去，溶质悬浮微粒仍呈气溶胶状态，由氩载气携带进入等离子体焰炬，在焰炬的高温下，溶质的气溶胶经历多种物理化学过程而最终被迅速原子化，成为原子蒸气，并进而被激发，发射出元素特征光谱，经透镜聚光进入摄谱仪而被记录下来。

三、仪器与试剂

（1）电感耦合等离子体发射光谱仪。

（2）金属铜（GR）。

（3）浓盐酸（AR）。

（4）稀盐酸 6mol/L。

（5）纯水。去离子水经一次蒸馏。

四、实验步骤

（1）配制铜标准储备液（1000μg/mL）。准确称取 0.5000g 金属铜于 100mL 烧杯中，用 5mL 6mol/L 盐酸溶液溶解，然后转移到 500mL 容量瓶中，用 1%盐酸稀释至刻度，摇匀备用。

（2）配制铜标准使用液（100μg/mL）。吸取铜标准储备液 10mL 于 100mL 容量瓶中，用 1%盐酸溶液稀释至刻度，摇匀备用。

（3）配制铜标准溶液系列。分别吸取 2.00mL、4.00mL、6.00mL、8.00mL 和 10.00mL 铜标准使用液于 5 支 100mL 容量瓶中，然后用 1%盐酸稀释至刻度，摇匀，即得标准溶液系列，其浓度为 2.00μg/mL、4.00μg/mL、6.00μg/mL、8.00μg/mL、10.00μg/mL。

（4）根据实验条件，将 ICP－AES 仪按仪器的操作步骤进行调节，然后分别进行测量。

实验条件：

1）ICP 发生器：频率 40MHz 入射功率 1kW，反射功率<5kW。

2）炬管：三层同轴石英玻璃管。

3）雾化器：同轴玻璃雾化器。

4）感应线圈：3 匝。
5）等离子体焰炬观察高度：工作线圈以上 15mm。
6）氩载气流量：0.5L/min。
7）氩冷却气流量：12L/min。
8）氩工作气体流量：1.0L/min。
9）试液提升量：2.6mL/min。
10）铜的测定波长：226.5nm。
11）积分时间：20s。
（5）在相同实验条件下，测定水样中的铜含量（必要时进行稀释）。

五、数据处理

数据处理包括记录实验条件和报告测定结果。
记录实验条件具体有以下几项：
（1）摄谱仪。
（2）ICP 发生器频率、功率。
（3）感应线圈匝数。
（4）等离子体焰炬观察高度。
（5）载气、冷却气、工作气体等流量。
（6）试液提升量。
（7）铜的测定波长。
（8）积分时间。

六、思考题

（1）简述等离子体焰炬形成的过程；
（2）为什么 ICP 光源能够提高光谱分析的灵敏度和准确度？

实验十五 水中钙离子的测定（EDTA 滴定法）

一、实验目的

掌握 EDTA 滴定法测定钙离子的原理及方法。

二、实验原理

在强碱性溶液中（pH>12.5），使镁离子生成氢氧化镁沉淀后，用乙二胺四乙酸二钠盐（简称 EDTA）单独与钙离子作用生成稳定的无色络合物。滴定时用钙红指示剂指示终点。钙红指示剂在相同条件下，也能与钙形成酒红色络合物，但其稳定性比钙和 EDTA 形成的无色络合物稍差。当用 EDTA 滴定时，先将游离钙离子络合完后，再夺取指示剂络合物中的钙，使指示剂释放出来，溶液就从酒红色变为蓝色，即为终点。

三、仪器和试剂

（一）仪器

250mL 锥形瓶、移液管、滴定管。

（二）试剂

（1）0.02mol/L EDTA 标准溶液。

（2）2mol/L 氢氧化钠溶液。

（3）钙红指示剂：称取 1g 钙红[$HO(HO_3S)C_{10}H_6NNC_{10}H_5(OH)COOH$]与 100g 氯化钠固体研磨混匀。

四、测定步骤

（1）按表 2-4 取适量水样于 250mL 锥形瓶中用蒸馏水稀释至 100mL。

表 2-4 钙的含量和取水样体积

钙含量范围/$mg \cdot L^{-1}$	水样取量/mL
10~50	100
50~100	50
100~200	25
200~400	10

（2）加入 5mL 2mol/L 氢氧化钠溶液和约 0.05g 钙红指示剂，摇匀。

（3）用 EDTA 标准溶液滴定至溶液由酒红色转变为蓝色，即到终点。记录 EDTA 标准溶液用量（a）。水样中钙（Ca）含量（mg/L）按下式计算：

$$Ca = \frac{M \times a \times 40.08}{V} \times 1000$$

式中 M——EDTA 标准溶液的摩尔浓度，mol/L；

a——滴定时消耗 EDTA 标准溶液的体积，mL；

V——水样的体积，mL；

40.08——钙的原子量。

五、注意事项

（1）在加入氢氧化钠溶液后应立即迅速滴定，以免因放置过久引起水样浑浊，造成终点不清楚。

（2）当水样的镁离子含量大于 30mg/L 时，应将水样稀释后测定。若水样中重碳酸钙含量较多时，应先将水样酸化煮沸，然后用氢氧化钠溶液中和后进行测定。

（3）钙红又称钙指示剂。若无钙红时，也可用紫尿酸铵或钙试剂（依来铬蓝黑 R）代替，这些指示剂的配制和使用方法见表 2-5。

表 2-5 指示剂的配制和使用方法

指示剂名称	配制方法	用量	使用条件
紫尿酸铵	称取 1g 紫尿酸铵与 100g 氯化钠固体研磨、混匀	0.2g	同钙红指示剂，但终点为蓝色
钙试剂（依来铬蓝黑 R）	称取 0.2g 钙试剂溶于除盐水中并稀释至 100mL	3~4 滴	同钙红指示剂

六、思考题

（1）正常饮用水的钙离子浓度是多少？

（2）引起水体钙离子浓度超出正常的因素有哪些？

实验十六　水样中铀的测定（铀分析仪法）

一、实验目的

掌握铀分析仪的使用方法。

二、实验原理

直接向水样中加入荧光增强剂，使之与水样中铀酰离子生成一种简单的络合物，在激光（波长337nm）辐射激发下产生荧光。采用标准铀加入法定量地测定铀。水样中常见干扰离子的含量为：锰（Ⅱ）小于1.5μg/mL、铁（Ⅲ）小于6μg/mL、铬（Ⅵ）小于6μg/mL、腐殖酸小于3μg/mL。

三、仪器设备与试剂

（1）铀分析仪：最低检出限0.02μg/L。
（2）微量注射器：50μL（或0.1mL玻璃移液管）。
（3）硝酸：密度为1.42g/mL。
（4）氨水。
（5）荧光增强剂：荧光增强倍数不小于100倍。
（6）标准溶液
1）1.00×10^{-3}g/mL铀标准贮备液。
2）1.00×10^{-6}g/mL铀标准溶液：取1.00mL铀标准贮备液1），用酸化水稀释至1000mL。

四、实验步骤

取5.00mL pH为3.0~11.0的被测水样（如铀含量较高，可用水适当稀释）于石英比色皿内，调节补偿器旋钮直至表头指示为零（不为零时，可记录读数N_0）。

向样品内加入0.5mL荧光增强剂，充分混匀，测定荧光强度为N_1。

再向样品内加0.050mL 0.100μg/mL铀标准溶液（高档测量应加入0.050mL 0.500μg/mL铀标准溶液），充分混匀，测定荧光强度为N_2。

若加入荧光增强剂后，样品有白色沉淀产生，必须将被测样品经稀释或其他方法处理，不再产生沉淀后，方可进行测量。

五、结果计算

铀含量按下式计算：

$$c = \frac{(N_1 - N_0)c_1 V_1 K}{(N_2 - N_1)V_0 R} \times 1000$$

式中　c——水样中铀的浓度，μg/L；

N_0——样品未加荧光增强剂前的荧光强度；

N_1——加荧光增强剂后样品的荧光强度；
N_2——样品加铀标准溶液后的荧光强度；
c_1——加入标准铀溶液的浓度，μg/mL；
V_1——加入标准铀溶液的体积，mL；
V_0——分析用水样的体积，mL；
K——水样稀释倍数；
R——全程回收率，%。

六、注意事项

（1）测量仪器在检定的有效周期内使用，并处于受控状态；
（2）实验中10%的样品做平行样；
（3）适用范围：适用于水样中铀的液体激光荧光法测定。

实验十七　水质总铬的测定

方法一　高锰酸钾氧化—二苯碳酰二肼分光光度法

一、实验目的

了解高锰酸钾氧化—二苯碳酰二肼分光光度法测定水质总铬的基本原理和方法。

二、实验原理

总铬的测定是将三价铬氧化成六价铬后，用二苯碳酰二肼分光光度法测定。当铬含量高时（大于 1mg/L）也可采用硫酸亚铁铵滴定法。

在酸性溶液中，试样的三价铬被高锰酸钾氧化成六价铬。六价铬与二苯碳酰二肼反应生成紫红色化合物，于波长 540nm 处进行分光光度测定。

过量的高锰酸钾用亚硝酸钠分解，而过量的亚硝酸钠又被尿素分解。

三、试剂与仪器

（1）丙酮（C_3H_6O）。

（2）硫酸（H_2SO_4，浓度=1.84g/mL 优级纯）。

（3）1+1 硫酸溶液。将硫酸 3.2 缓缓加入到同体积的水中，混匀。

（4）磷酸 1+1 溶液。将磷酸（H_3PO_4，$\tilde{n}$=1.69g/mL）与水等体积混合。

（5）硝酸（HNO_3，$\tilde{n}$=1.42g/mL）。

（6）氯仿（$CHCl_3$）。

（7）高锰酸钾 40g/L 溶液。称取高锰酸钾（$KMnO_4$）4g 在加热和搅拌下溶于水最后稀释至 100mL。

（8）尿素 200g/L 溶液。称取尿素[$(NH_2)_2CO$]20g 溶于水并稀释至 100mL。

（9）亚硝酸钠 20g/L 溶液。称取亚硝酸钠（$NaNO_2$）2g 溶于水并稀释至 100mL。

（10）氢氧化铵 1+1 溶液。氨水（$NH_3 \cdot H_2O$，$\tilde{n}$=0.90g/mL）与等体积水混合。

（11）铜铁试剂：50g/L 溶液。称取钢铁试剂[$C_6H_5N(NO)ONH_4$]5g，溶于冰水中并稀释至 100mL，临用时新配。

（12）铬标准贮备溶液，0.1000g/L。称取于 110℃ 干燥 2h 的重铬酸钾（$K_2Cr_2O_7$，优级纯）0.2829g±0.0001g，用水溶解后，移入 1000mL 容量瓶中，用水稀释至标线，摇匀，此溶液 1mL 含 0.10mg 铬。

（13）铬标准溶液，1mg/L。吸取 5.00mL 铬标准贮备液，置于 500mL 容量瓶中，用水稀释至标线，摇匀，此溶液 1mL 含 1.00μg 铬。使用当天配制。

（14）铬标准溶液，5.00mg/L。吸取 25.00mL 铬标准贮备液置于 500mL 容量瓶中，用水稀释至标线，摇匀。此溶液 1mL 含 5.00μg 铬。使用当天配制。

（15）显色剂：二苯碳酰二肼，2g/L 丙酮溶液。称取二苯碳酰二肼（$Cl_3H_{14}N_4O$）0.2g 溶于 50mL 丙酮中，加水稀释 100mL 摇匀。贮于棕色瓶，置冰箱中。颜色变深后，不能使用。

(16) 一般实验室仪器和分光光度计。

四、操作步骤

(一) 样品的预处理

(1) 一般清洁地面水可直接用高锰酸钾氧化后测定。

(2) 硝酸硫酸消解样品中含有大量的有机物时，需进行消解处理。

取50.0mL或适量样品（含铬少于50μg），置100mL烧杯中，加入5mL硝酸和3mL硫酸，蒸发至冒白烟，如溶液仍有色，再加入5mL硝酸，重复上述操作，至溶液清澈，冷却。

用水稀释至10mL用氢氧化铵溶液中和至pH为1~2移入50mL容量瓶中，用水稀释至标线，摇匀，供测定。

(3) 铜铁试剂-氯仿萃取除去钼、钒、铁、铜。

取50.0mL或适量样品（铬含量少于50μg），置100mL分液漏斗中，用氢氧化铵溶液调至中性（加水至50mL）。加入3mL硫酸溶液。

用冰水冷却后，加入5mL铜铁试剂后振摇1min，置冰水中冷却2min。每次用5mL氯仿共萃取三次，弃去氯仿层。

将水层移入锥形瓶中，用少量水洗涤分液漏斗，洗涤水亦并入锥形瓶中，加热煮沸使水层中氯仿挥发后，按四、(一)(2)和四、(二)处理。

(二) 高锰酸钾氧化三价铬

取50.0mL或适量（铬含量少于50μg）样品或经处理的试样，置于150mL锥形瓶中，用氢氧化铵溶液或硫酸溶液调至中性，加入几粒玻璃珠，加入0.5mL硫酸溶液、0.5mL磷酸溶液（加水至50mL），摇匀，加2滴高锰酸钾溶液，如紫红色消褪，则应添加高锰酸钾溶液保持紫红色，加热煮沸至溶液体积约剩20mL。

取下冷却，加入1mL尿素溶液摇匀。用滴管滴加亚硝酸钠溶液，每加一滴充分摇匀，至高锰酸钾的紫红色刚好褪去。稍停片刻，待溶液内气泡逸出，转移至50mL比色管中。

注：也可用叠氮化钠还原过量的高锰酸钾。即在氧化步骤完成后取下，趁热逐滴加入浓度为2g/L的叠氮化钠溶液，每加一滴立即摇匀，煮沸，重复数次，至紫红色完全褪去，继续煮沸1min。警告：叠氮化钠是易爆危险品。

如样品中含有少量铁（Fe^{3+}）干扰测定，可将样中加入0.5mL硫酸、0.5mL磷酸溶液改为加入1.5mL磷酸溶液。

(三) 测定

取50mL或适量（含铬量少于50μg）经预处理步骤处理的试份置50mL比色管中，用水稀释至刻线加入2mL显色剂，摇匀，10min后，在540nm波长下，用10mm或30mm光程的比色皿，以水做参比，测定吸光度。减去空白试验吸N光度，从校准曲线上查得铬的含量。

(四) 空白试验

按与试样完全相同的处理步骤进行空白试验，仅用50mL水代替试样。

（五）校准

向一系列 150mL 锥形瓶中分别加入 0mL、0.20mL、0.50mL、1.00mL、2.00mL、4.00mL、6.00mL、8.00mL 和 10.00mL 铬标准溶液（12）或（13），用水稀释至 50mL。然后按照测定试样的步骤（四（一）、（二）、（三））进行处理。

从测得的吸光度减去空白试验的吸光度后，绘制以含铬量对吸光度的曲线。

（六）结果计算

总铬含量 c_1(mg/L）按下式计算：

$$c_1 = \frac{m}{V}$$

式中　m——从校准曲线上查得的试样中含铬量，μg；

　　V——试样的体积，mL。

铬含量低于 0.1mg/L，结果以三位小数表示。六价铬含量高于 0.1mg/L，结果以三位有效数字表示。

五、注意事项

（1）本方法适用于地面水和工业废水中总铬的测定。

（2）试份体积为 50mL，使用光程长为 30mm 的比色皿，本方法的最小检出量为 0.2μg 铬，最低检出浓度为 0.004mg/L，使用光程为 10mm 的比色皿，测定上限浓度为 1.0mg/L。

（3）铁含量大于 1mg/L 显黄色，六价钼和汞也和显色剂反应，生成有色化合物，但在本方法的显色酸度下，反应不灵敏，钼和汞的浓度达 200mg/L 不干扰测定。钒有干扰，其含量高于 4mg/L 时即干扰显色。但钒与显色剂反应后 10min，可自行褪色。

方法二　硫酸亚铁铵滴定法

一、实验目的

掌握硫酸亚铁铵滴定法测定水中总铬。

二、实验原理

在酸性溶液中：以银盐作催化剂，用过硫酸铵将三价铬氧化成六价铬。加入少量 NaCl 并煮沸，除去过量的过硫酸铵及反应中产生的氯气。以苯基代邻氨基苯甲酸做指示剂，用硫酸亚铁铵溶液滴定，使六价铬还原为三价铬，溶液呈绿色为终点。根据硫酸亚铁铵溶液的用量，计算出样品中总铬的含量。

钒对测定有干扰，但在一般含铬废水中钒的含量在允许限以下。

三、试剂与仪器

（1）硫酸溶液，0.9mol/L

取硫酸（方法一中三、（2））100mL 缓慢加入到 2L 水中，混匀。

（2）磷酸（H_3PO_4，$\tilde{n}$=1.69g/mL）。

(3) 硫酸磷酸混合液

取150mL硫酸(三、(2))缓慢加入到700mL水中，冷却后，加入150mL磷酸(三、(4))混匀。

(4) 过硫酸铵$[(NH_4)_2S_2O_8]$：250g/L溶液。

(5) 铬标准溶液

称取于110℃干燥2h的重铬酸钾($K_2Cr_2O_7$，优级纯) 0.5658g±0.0001g用水溶解后，移入1000mL容量瓶中，用水稀释至标线，摇匀。此溶液1mL含0.2mg铬。

(6) 硫酸亚铁铵溶液

称取硫酸亚铁铵$[(NH_4)_2Fe(SO_4)_2 \cdot 6H_2O]$ 3.95g±0.01g用500mL硫酸溶液，溶解过滤至2000mL容量瓶中，用硫酸溶液(三、(2))稀释至标线，临用时，用铬标准溶液标定。

标定：分别吸取三份25.0mL铬标准溶液置500mL锥形瓶中，用水稀释至200mL左右。加入20mL硫酸-磷酸混合液，用硫酸亚铁铵溶液滴定至淡黄色。加入3滴苯基代邻氨基苯甲酸指示剂，继续滴定至溶液由红色突变为亮绿色为终点，记录用量V。

三份铬标准溶液所消耗硫酸亚铁铵溶液的毫升数的极差值不应超过0.05mL，取其平均值按下式计算：

$$T = \frac{0.20 \times 25.0}{V} = \frac{5.0}{V}$$

式中 T——硫酸亚铁铵溶液对铬的滴定度，mg/mL。

(7) 硫酸锰：10g/L溶液

将硫酸锰($MnSO_4 \cdot 2H_2O$) 1g溶于水稀释至100mL。

(8) 硝酸银：5g/L溶液

将硝酸银($AgNO_3$) 0.5g溶于水并稀释至100mL。

(9) 无水碳酸钠：50g/L溶液

将无水碳酸钠(Na_2CO_3) 5g溶于水并稀释至100mL。

(10) 氢氧化铵：1+1溶液

取氨水($\tilde{n}$=0.90g/mL)加入等体积水中，混匀。

(11) 氯化：10g/L溶液

将氯化钠(NaCl) 1g溶于水并稀释至100mL。

(12) 苯基代邻氨基苯甲酸指示剂

称取苯基代邻氨基苯甲酸(phenylan thranilic acid) 0.27g溶于5mL碳酸钠溶液(三、(9))中，用水稀释至250mL。

四、实验步骤

(一) 测定

吸取适量样品于150mL烧杯中，按方法一中四、(一)(2)步骤消解后转移至500mL锥形瓶中(如果样品清澈、无色可直接取适量样品于500mL锥形瓶中)。用氢氧化铵溶液中和至溶液pH为1~2。加入20mL硫酸—磷酸混合液、1~3滴硝酸银溶液、0.5mL硫酸锰溶液、25mL过硫酸铵溶液，摇匀，加入几粒玻璃珠加热至出现高锰酸盐的紫红色，煮沸 10min。

取下稍冷，加入 5mL 氯化钠溶液，加热微沸 10～15min，除尽氯气。取下迅速冷却，用水洗涤瓶壁并稀释至 220mL 左右。加入 3 滴苯基代邻氨基苯甲酸指示剂，用硫酸亚铁铵溶液滴定至溶液由红色突变为绿色即为终点，记下用量 V_1。

注：应注意掌握加热煮沸时间，若加热煮沸时间不够，过量的过硫酸铵及氯气未除尽，会使结果偏高；若煮沸时间太长，溶液体积小，酸度高，可能使六价铬还原为三价铬，使结果偏低。

（二）空白试验

按（一）步骤进行空白试验，仅用和样品体积相同的水代替样品。

（三）结果计算

总铬含量 c_2(mg/L) 按下式计算：

$$c_2 = \frac{(V_1 - V_0)T \times 1000}{V}$$

式中 V_1——滴定样品时，硫酸亚铁铵溶液用量，mL；

V_0——空白试验时，硫酸亚铁铵溶液用量，mL；

T——硫酸亚铁铵溶液对铬的滴定度，mg/mL；

V——样品的体积，mL。

五、注意事项

（1）适用于水和废水中高浓度（大于 1mg/L）总铬的测定。

（2）苯基代邻氨基苯甲酸指示剂，在测定样品和空白试验时加入量要保持一致。

实验十八　水中六价铬的测定（二苯碳酰二肼分光光度法）

一、实验目的

（1）掌握六价铬的测定原理及方法。

（2）熟练应用分光光度计。

二、实验原理

废水中铬的测定常用分光光度法，是在酸性溶液中，六价铬离子与二苯碳酰二肼反应，生成紫红色化合物，其最大吸收波长为540nm，吸光度与浓度的关系符合比尔定律。如果测定总铬，需先用高锰酸钾将水样中的三价铬氧化为六价，再用本法测定。

三、实验仪器和试剂

（一）仪器

分光光度计，25mL具塞比色管，吸量管，容量瓶等。

（二）试剂

（1）铬标准贮备液（0.10mg/mL）：称取于120℃干燥2h的重铬酸钾（优级纯）0.2829g，用水溶解，移入1000mL容量瓶中，用水稀释至标线，摇匀。

（2）铬标准使用液（1.0μg/mL）：吸取5.00mL铬标准贮备液于500mL容量瓶中，用水稀释至标线，摇匀。使用当天配制。

（3）二苯碳酰二肼溶液：称取二苯碳酰二肼（简称DPC，$C_{13}H_{14}N_4O$）0.2g，溶于50mL丙酮中，加水稀释至100mL，摇匀，贮于棕色瓶内，置于冰箱中保存。颜色变深后不能再用。

（4）（1+1）硫酸：将100mL硫酸沿烧杯壁慢慢加入到100mL水中，搅拌混匀，冷却备用。

（5）（1+1）磷酸：将100mL磷酸沿烧杯壁慢慢加入到100mL水中，搅拌混匀，冷却备用。

四、实验步骤

（1）标准曲线的绘制：取9支25mL比色管，依次加入0mL、0.50mL、1.00mL、2.00mL、3.00mL、4.00mL、5.00mL铬标准使用液，加入（1+1）硫酸0.25mL和（1+1）磷酸0.25mL，摇匀。加入1mL二苯碳酰二肼溶液，用水稀释至标线，摇匀。5~10min后，于540nm波长处，用1cm比色皿，以空白为参比，测定吸光度。以吸光度为纵坐标，相应六价铬含量为横坐标绘出标准曲线。

（2）水样的测定：分别取1.0mL、2.0mL水样于两个25mL比色管中，加入（1+1）硫酸0.25mL和（1+1）磷酸0.25mL，摇匀。加入1mL二苯碳酰二肼溶液，用水稀释至标线，摇匀。5~10min后，于540nm波长处，用1cm比色皿，以空白为参比，测定吸光度。根据所测吸光度从标准曲线上查得 Cr^{6+} 含量，再乘以稀释倍数，即为样品中 Cr^{6+} 的含量。

五、数据记录及处理

（1）记录测得标准曲线的吸光度及水样的吸光度。

（2）绘制吸光度与浊度的标准曲线，由标准曲线上求得水样中六价铬的浓度，并计算原水样中六价铬的浓度。

铬体积 /mL	0.50	1.00	2.00	3.00	4.00	5.00	水样
铬浓度 /μg·mL^{-1}							
吸光度							

六、注意事项

（1）采样后尽快测定，放置不超过 24h。

（2）玻璃仪器不能用 $K_2Cr_2O_7$ 洗液洗涤，用 HNO_3 和 H_2SO_4 混合液洗涤。

七、思考题

（1）本法依据国标是什么？检出限范围多少？适用什么样水质？

（2）如何测定水样中的总铬？

实验十九 水质化学需氧量 COD 的测定

方法一 快速消解分光光度法

一、实验目的

掌握快速消解分光光度法测定水中化学需氧量。

二、实验原理

试样中加入已知量的重铬酸钾溶液，在强硫酸介质中，以硫酸银作为催化剂，经高温消解后，用分光光度法测定 COD 值。

当试样中 COD 值为 100~1000mg/L，在 600nm±20nm 波长处测定重铬酸钾被还原产生的三价铬（Cr^{3+}）的吸光度，试样中 COD 值与三价铬（Cr^{3+}）的吸光度的增加值成正比例关系，将三价铬（Cr^{3+}）的吸光度换算成试样的 COD 值。

当试样中 COD 值为 15~250mg/L，在 440nm±20nm 波长处测定重铬酸钾未被还原的六价铬（Cr^{6+}）和被还原产生的三价铬（Cr^{3+}）的两种铬离子的总吸光度。试样中 COD 值与六价铬（Cr^{6+}）的吸光度减少值成正比例，与三价铬（Cr^{3+}）的吸光度增加值成正比例，与总吸光度减少值成正比例，将总吸光度值换算成试样的 COD 值。

三、试剂和材料

（1）水。

（2）硫酸：$\rho(H_2SO_4) = 1.84mg/L$。

（3）硫酸 1+9 溶液：将 100mL 硫酸沿烧杯壁慢慢加入到 900mL 水中，搅拌混匀，冷却备用。

（4）硫酸银-硫酸溶液：$\rho(Ag_2SO_4) = 10g/L$。

将 50g 硫酸银加入到 500mL 硫酸中，静置 1~2d，搅拌，使其溶解。

（5）硫酸汞溶液：$\rho(HgSO_4) = 0.24g/L$。

将 48.0g 硫酸汞分次加入 200mL 硫酸溶液（3）中，搅拌溶解。

（6）重铬酸钾（$K_2Cr_2O_7$）：优级纯。

（7）重铬酸钾标准溶液：

1）重铬酸钾标准溶液：$c(1/6\ K_2Cr_2O_7) = 0.500mol/L$。

将重铬酸钾在 120℃±2℃下干燥至恒重后，称取 24.5154g 重铬酸钾置于烧杯中，加入 600mL 水，搅拌下慢慢加入 100mL 硫酸，溶解冷却后，转移此溶液于 1000mL 容量瓶中，用水稀释至标线，摇匀。

2）重铬酸钾标准溶液：$c(1/6\ K_2Cr_2O_7) = 0.120mol/L$。

将重铬酸钾在 120℃ ± 2℃下干燥至恒重后，称取 5.8837g 重铬酸钾置于烧杯中，加入 600mL 水，搅拌下慢慢加入 100mL 硫酸，溶解冷却后，转移此溶液于 1000mL 容量瓶中，用水稀释至标线，摇匀。

四、实验步骤

（1）水样的采集与保存。水样不少于100mL。

（2）水样氯离子的测定。2mL试样+0.5mL $c(AgNO_3)$=0.1mol/L+2滴 $\rho(K_2Cr_2O_7)$=50g/L，摇匀，变红→氯离子溶液低于1000mg/L；黄色→氯离子浓度高于1000mg/L。

（3）水样的稀释。搅拌均匀时取样稀释，水样不少于10mL，稀释倍数小于10倍，应逐次稀释为试样。

预装混合试剂：

1）高量程（100～1000mg/L）加入1.00mL重铬酸钾溶液（$c(1/6\ K_2Cr_2O_7)$=0.500mol/L）+硫酸汞溶液（$\rho(HgSO_4)$=0.24g/mL）[2+1]+4.00mL硫酸银-硫酸溶液（$\rho(Ag_2SO_4)$=10g/L），ϕ16mm×150mm规格的消解比色管。

2）低量程（15～150mg/L）加入1.00mL重铬酸钾溶液（$c(1/6\ K_2Cr_2O_7)$=0.120mol/L）+硫酸汞溶液（$\rho(HgSO_4)$=0.24g/mL）[2+1]+4.00mL硫酸银-硫酸溶液（$\rho(Ag_2SO_4)$=10g/L），ϕ16mm×150mm规格的消解比色管。

初步判定水样的COD浓度，选择对应量程的预装混合试剂，加入试样，摇匀，在165℃±2℃加热5min，检查是否呈现绿色，变绿→重新稀释后再进行测定。

（4）测定条件的选择。选用比色管分光光度法测定水样中的COD，选用ϕ16mm×150mm规格的消解比色管。

比色管分光光度法：

1）高量程（100～1000mg/L）：试样用量2.00mL，测定波长600nm±20nm，检出限33mg/L。

2）低量程（15～150mg/L）：试样用量2.00mL，测定波长440nm±20nm，检出限2.3mg/L。

（5）校准曲线的绘制：

1）打开加热器，预热到设定的165℃±2℃。

2）选定预装混合试剂，摇匀试剂后再拧开消解管管盖。

3）量取相应体积的COD标准系列溶液（试样）沿消解管内壁慢慢加入消解管中。

4）拧紧消解管管盖，手执管盖颠倒摇匀消解管中溶液，用无毛纸擦净管外壁。

5）将消解管放入165℃±2℃的加热器的加热孔中，加热器温度略有降低，待温度升到设定的165℃±2℃时，计时加热15min。

6）待消解管冷却至60℃左右时，手执管盖颠倒摇动消解管几次，使消解管内溶液均匀，用无毛纸擦净管外壁，静置，冷却至室温。

7）高量程方法在600nm±20nm波长处，以水为参比液，用光度计测定吸光度值。低量程方法在440nm±20nm波长处，以水为参比液，用光度计测定吸光度值。

8）高量程COD标准系列使用溶液COD值对应其测定的吸光度值减去空白试验测定的吸光度值的差值，绘制校准曲线。低量程COD标准系列使用溶液COD值对应空白试验测定的吸光度值减去其测定的吸光度值的差值，绘制校准曲线。

（6）空白试样。以水代替试样测吸光度值。

（7）试样的测定：

1）当试样中含有氯离子时，选用含汞预装混合试剂进行氯离子的掩蔽。氯离子同 Ag_2SO_4 易形成 AgCl 白色乳状块，在加热消解前，应颠倒摇动消解管，使白色块状消失。

2）若消解液混浊或有沉淀，影响比色测定时，应用离心机离心变清后，再用光度计测定；若消解液颜色异常或离心后不能变澄清的样品不适用本测定方法。

3）若消解管底部有沉淀影响比色测定时，应小心将消解管中上清液转入比色池（皿）中测定。

4）测定的 COD 值由相应的校准曲线查得，或由光度计自动计算得出。

五、注意事项

适用范围 COD：15~1000mg/L，$Cl^- \leqslant$ 1000mg/L，超过浓度时，稀释测定。

方法二　重铬酸钾法

一、实验目的

（1）掌握氧化—还原滴定法测定水样中有机物的原理和方法。

（2）掌握测定 COD_{Cr} 的原理和方法。

二、实验原理

化学需氧量（COD）是指在一定条件下，用强氧化剂处理水样时所消耗氧化剂的量，用（O，mg/L）来表示，它反映了水样受还原性物质污染的程度。水中还原性物质包括有机物、亚硝酸盐、亚铁盐、硫化物等。用重铬酸钾作氧化剂时所测得的值称为 COD_{Cr}。

重铬酸钾，在强酸性条件下，能将水中的有机物质氧化，过量的重铬酸钾，以试亚铁灵作指示剂，用硫酸亚铁铵溶液回滴，由消耗的重铬酸钾量即可算出水中含有有机物所消耗氧的量（COD_{Cr}）。反应如下：

$$2Cr_2O_7^{2-} + 16H^+ + 3C \longrightarrow 4Cr^{3+} + 8H_2O + 3CO_2\uparrow$$

$$Cr_2O_7^{2-} + 14H^+ + 6Fe^{2+} \longrightarrow 6Fe^{3+} + 2Cr^{3+} + 7H_2O$$

用 0.25mol/L 浓度的重铬酸钾溶液可测定大于 50mg/L 的 COD 值，未经稀释水样的测定上限 700mg/L，是用 0.025mol/L 浓度的重铬酸钾溶液可测度 5~50mg/L 的 COD 值。低于 10mg/L 时测量准确度较差。

$$COD_{Cr}(O_2,\ mg/L) = \frac{c(V_0 - V) \times 8 \times 1000}{V_{样}}$$

式中　c——硫酸亚铁铵标准液的浓度，mol/L；

V_0——空白消耗的硫酸亚铁铵溶液的体积，mL；

V——水样消耗的硫酸亚铁铵溶液的体积，mL；

$V_{样}$——水样体积，mL；

8——$1/4O_2$ 的摩尔质量，g/moL。

水样中如含有氯离子会影响测定结果，可使用硫酸汞络合氯离子以排除干扰。

三、实验仪器及试剂

（1）仪器：回流装置；250mL 三角烧瓶；容量瓶；移液管。

（2）试剂：

1）硫酸-硫酸银溶液：于500mL浓硫酸中加入5g硫酸银。放置1～2d，不时摇动使其溶解。

2）重铬酸钾标准溶液[$c(1/6K_2Cr_2O_7)=0.2500mol/L$]：称取预先在120℃烘干2h的基准或优质纯重铬酸钾12.258g溶于水中，移入1000mL容量瓶，稀释至标线，摇匀。

3）硫酸亚铁铵溶液（$c\approx0.10mol/L$）：称取39.5g硫酸亚铁铵溶于水中，边搅拌边缓慢加入20mL浓硫酸，冷却后移入1000mL容量瓶中，加水稀释至标线，摇匀。经标定后浓度为$c=0.1032mol/L$。

4）试亚铁灵指示液：称取1.5g邻菲啰啉（$C_{12}H_8N_2 \cdot H_2O$）、0.70g硫酸亚铁（$FeSO_4 \cdot 7H_2O$）溶于水中，稀释至100mL，贮于棕色瓶内。

5）硫酸汞：结晶或粉末。

四、实验步骤

（一）硫酸亚铁标定方法

标定方法：准确吸取10.00mL重铬酸钾标准溶液于500mL锥形瓶中，加水稀释至110mL左右，缓慢加入30mL浓硫酸，混匀。冷却后，加入3滴试亚铁灵指示液（约0.15mL），用硫酸亚铁铵溶液滴定，溶液的颜色由黄色经蓝绿色至红褐色即为终点。

$$c=\frac{0.2500\times10.00}{V}$$

式中　c——硫酸亚铁铵标准溶液的浓度，mol/L；

　　　V——硫酸亚铁铵标准溶液的用量，mL。

（二）水样的测定

（1）水样回流：用吸量管吸水样20.00mL（如水样有机物含量高则先把水样稀释），加入250mL锥形瓶中，再用吸量管准确加入10.00mL重铬酸钾溶液，然后小心缓慢地加入30mL浓硫酸-Ag_2SO_4，10粒左右玻璃珠，摇匀。连接好回流冷凝器，用小火加热，沸腾后适当降低温度，使回流速度为每滴2～3s。精确回流2h（从沸腾算起）。

注意：

1）对于COD高的废水样，可先取上述操作所需体积1/10的废水样和试剂于15×150mm硬质玻璃试管中，摇匀，加热后观察是否成绿色。如溶液显绿色，再适当减少废水取样量，直至溶液不变绿色为止，从而确定废水样分析时应取用的体积。稀释时，所取废水样量不得少于5mL，如果化学需氧量很高，则废水样应多次稀释。

2）废水中氯离子含量超过30mg/L时，应先把0.4g硫酸汞加入回流锥形瓶中，再加20.00mL废水（或适量废水稀释至20.00mL），摇匀。

（2）水样测定：稍冷却后，自冷凝管顶部加蒸馏水100mL左右，冷却到室温，加试亚铁灵指示剂2滴，用标准硫酸亚铁铵溶液回滴剩余的重铬酸钾，溶液由橙红色—绿色—红棕色刚出现（不褪去）为终点，记录硫酸亚铁铵的量$V_{样}$（mL）（注意：实验完毕后要回收玻璃珠，切不可倒掉）。

（3）空白测定：移取20.00mL蒸馏水代替水样，做空白试验，其他步骤同测水样，记录硫酸亚铁铵的用量V_0（mL）。

五、数据处理

(一) 记录标定硫酸亚铁铵的用量及浓度计算

项目	1	2	3
硫酸亚铁铵 V/mL			
硫酸亚铁铵的浓度 c/mol·L^{-1}			
平均值 c/mol·L^{-1}			

(二) 记录水样和空白的硫酸亚铁铵的用量 $V_{样}$、V_0。

$V_{样}$/mL	V_0/mL

(三) 根据公式计算水样中 COD 的含量。

六、注意事项

(1) 使用 0.4g 硫酸汞络合氯离子的最高量可达 40mg，如取用 20.00mL 水样，即最高可络合 2000mg/L 氯离子浓度的水样。若氯离子的浓度较低，也可少加硫酸汞，使保持硫酸汞：氯离子=10：1(W/W)。若出现少量氯化汞沉淀，并不影响测定。

(2) 水样取用体积可在 10.00~50.00mL 范围内，但试剂用量及浓度需按表 2-6 进行相应调整，也可得到满意的结果。

表 2-6 水样取用量和试剂用量

水样体积/mL	0.2500mol/L $K_2Cr_2O_7$溶液/mL	H_2SO_4-Ag_2SO_4溶液/mL	$HgSO_4$/g	$FeSO_4(NH_4)_2SO_4$/mol·L^{-1}	滴定前总体积/mL
10.0	5.0	15	0.2	0.050	70
20.0	10.0	30	0.4	0.100	140
30.0	15.0	45	0.6	0.150	210
40.0	20.0	60	0.8	0.200	280
50.0	25.0	75	1.0	0.250	350

(3) 对于化学需氧量小于 50mg/L 的水样，应改用 0.0250mol/L 重铬酸钾标准溶液。回滴时用 0.01mol/L 硫酸亚铁铵标准溶液。

(4) 水样加热回流后，溶液中重铬酸钾剩余量应为加入量的 1/5~4/5 为宜。

(5) 用邻苯二甲酸氢钾标准溶液检查试剂的质量和操作技术时，由于每克邻苯二甲酸氢钾的理论 COD_{Cr} 为 1.176g，所以溶解 0.4251g 邻苯二甲酸氢钾 ($HOOCC_6H_4COOK$) 于重蒸馏水中，转入 1000mL 容量瓶，用重蒸馏水稀释至标线，使之成为 500mg/L 的

COD_{Cr}标准溶液。用时新配。

（6）COD_{Cr}的测定结果应保留三位有效数字。

（7）每次实验时，应对硫酸亚铁铵标准滴定溶液进行标定，室温较高时尤其注意其浓度的变化。

七、思考题

（1）加入硫酸银和硫酸汞的目的是什么？

（2）本方法用于测定化学需氧量大于 50mg/L 的水样，如果化学需氧量小于 50mg/L 的水样，如何测定？准确度如何？

实验二十　高锰酸盐指数的测定（氧化-还原滴定法）

一、实验目的

（1）了解高锰酸盐指数的含义。

（2）掌握氧化-还原滴定法测定水中高锰酸盐指数的原理及方法。

二、实验组织运行要求

根据本实验的特点、要求和具体条件，采用分组实验的方法，每组两位学生，便于学生互相讨论和监督。

三、实验原理

高锰酸盐指数是反映水体中有机及无机可氧化物质污染的常用指标。定义为：在一定条件下，用高锰酸钾作氧化剂氧化，水样中的某些有机物及无机还原性物质时所消耗的氧量。

高锰酸盐指数不能作为理论需氧量或总有机物含量的指标，因为在规定条件下，许多有机物只能部分地被氧化，易挥发的有机物也不包含在测定值之内。因此，高锰酸盐指数常被作为水体受还原性有机物和无机物污染程度的一项指标，它只适用于地表水、饮用水和生活污水，不适用于工业废水。

测定时，首先在样品中加入已知量的高锰酸钾和硫酸，在沸水浴中加热30min，高锰酸钾将样品中的某些有机物和无机还原性物质氧化，反应后加入过量的草酸钠还原剩余的高锰酸钾，再用高锰酸钾标准溶液回滴过量的草酸钠。通过计算得到样品中高锰酸盐指数。

四、实验条件

（一）仪器

（1）锥形瓶，250mL。

（2）移液管，5mL、10mL、50mL。

（3）水浴锅。

（4）酸式滴定管，25mL。

（5）容量瓶100mL、1000mL。

（6）量筒。

注：新的玻璃器皿必须用高锰酸钾溶液清洗干净。

（二）试剂

（1）不含还原性物质的水：将1L蒸馏水置于全玻璃蒸馏器中，加入10mL硫酸和少量高锰酸钾溶液，蒸馏。弃去100mL初馏液，余下馏出液贮于具玻璃塞的细口瓶中。

（2）（1+3）硫酸：在不断搅拌下，将100mL硫酸慢慢加入到300mL水中。趁热加入数滴高锰酸钾溶液直至溶液出现粉红色。

（3）草酸钠标准贮备液，浓度 $c(1/2Na_2C_2O_4)$ 为 0.1000mol/L：称取 0.6705g 经 120℃烘干 2h 并放冷草酸（$Na_2C_2O_4$）溶于蒸馏水中，移入 100mL 容量瓶中，用蒸馏水稀释至标线，混匀，置 4℃保存。

（4）草酸钠标准溶液，浓度 $c_1(1/2Na_2C_2O_4)$ 为 0.0100mol/L：吸取 10.00mL 草酸钠贮备液于 100mL 容量瓶中，用蒸馏水稀释至标线，混匀。

（5）高锰酸钾标准贮备液，浓度 $c_2(1/5KMnO_4)$ 约为 0.1mol/L：称取 3.2g 高锰酸钾溶解于 1.2L 蒸馏水中，加热煮沸 0.5~1h 至体积减至 1.0L，冷却静置过夜（盖上表面皿，以免尘埃入内）。用虹吸（或小心倾出）取上层清液，贮于棕色瓶中。

（6）高锰酸钾标准溶液，浓度 $c_3(1/5KMnO_4)$ 约为 0.01mol/L：吸取 100mL 高锰酸钾标准贮备液于 1000mL 容量瓶中，用水稀释至标线，混匀。此溶液在暗处可保存几个月，使用当天标定其浓度。

五、实验步骤

（1）取 100.0mL 经充分摇动、混合均匀的水样（或分取适量，用水稀释至 100mL）置于 250mL 锥形瓶中，加入 5.0mL 硫酸，用滴定管加入 10.00mL 高锰酸钾溶液，摇匀。将锥形瓶置于沸水浴内 30min±2min（水浴沸腾，开始计时）。

（2）取出后用滴定管加入 10.00mL 草酸钠溶液摇匀至溶液变为无色。趁热用高锰酸钾溶液滴定至刚出现粉红色，并保持 30s 不退。记录消耗的高锰酸钾溶液体积 V_1。

（3）向上述滴定完毕的溶液中加入 10.00mL 草酸钠溶液（如果需要，将溶液加热至 80℃），立即用高锰酸钾溶液继续滴定至刚出现粉红色，并保持 30s 不退。记录下消耗的高锰酸钾溶液体积 V_2。

（4）空白值测定：若水样用蒸馏水稀释时，则另取 100mL 蒸馏水，按水样操作步骤进行空白试验，记录下耗用的高锰酸钾溶液体积 V_0。

（5）计算公式：

高锰酸钾溶液校正系数：

$$K = 10.00/V_2$$

水样不经稀释。

高锰酸盐指数：

$$(O_2,\ mg/L) = [(10 + V_1)K - 10] \times 0.0100 \times 8 \times 1000/V_{水样}$$

式中　V_1——回滴时高锰酸钾的耗用量，mL；

K——高锰酸钾溶液的校正系数。

水样经稀释。

高锰酸盐指数：

$$(O_2,\ mg/L) = \{[(10 + V_1)K - 10] - [(10 + V_0)K - 10]R\} \times 0.100 \times 8 \times 1000/V_{水样}$$

式中　V_1——测定水样回滴时高锰酸钾溶液的耗用量，mL；

V_0——空白试验回滴时高锰酸钾溶液的耗用量，mL；

R——稀释的水样中所含蒸馏水的比值；

8——氧（1/2O）的摩尔质量。

六、注意事项

（1）沸水浴的水面要高于锥形瓶内的液面。

（2）样品量以加热氧化后残留的高锰酸钾为其加入量的1/2~1/3时，如溶液红色褪去，说明高锰酸钾量不够，须重新取样，经稀释后测定。

（3）滴定时温度如低于60℃，反应速度缓慢，因此应加热至80℃左右。

七、思考题

（1）测定水高锰酸钾指数有何意义？

（2）测定水高锰酸钾指数时，水样如何保存？

实验二十一　五日生化需氧量的测定（稀释与接种法）

一、实验目的

了解和掌握测定水五日生化需氧量的测定的方法和原理，熟悉实验操作步骤。

二、实验组织运行要求

根据本实验的特点、要求和具体条件，采用分组实验的方法，每组两位学生，便于学生互相讨论和监督。

三、实验原理

生化需氧量是指在规定条件下，微生物分解存在于水中的某些可氧化物质，主要是有机物质所进行的生物化学过程中消耗溶解氧的量。分别测定水样培养前的溶解氧含量和在20℃±1℃培养五天后的溶解氧含量，二者之差即为五日生化过程所消耗的氧量（BOD_5）。

四、实验条件

（一）仪器

（1）恒温培养箱。

（2）5~20L细口玻璃瓶。

（3）1000~2000mL量筒。

（4）玻璃搅棒：棒长应比所用量筒高度长20cm。在棒的底端固定一个直径比量筒直径略小，并带有几个小孔的硬橡胶板。

（5）溶解氧瓶：200~300mL，带有磨口玻璃塞并具有供水封用的钟形口。

（6）虹吸管：供分取水样和添加稀释水用。

（二）试剂

（1）磷酸盐缓冲溶液：将8.5g磷酸二氢钾（KH_2PO_4），21.75g磷酸氢二钾（K_2HPO_4），33.4g磷酸氢二钠（$Na_2HPO_4 \cdot 7H_2O$）和1.7g氯化铵（NH_4Cl）溶于水中，稀释至1000mL。此溶液的pH值应为7.2。

（2）硫酸镁溶液：将22.5g硫酸镁（$MgSO_4 \cdot 7H_2O$）溶于水中，稀释至1000mL。

（3）氯化钙溶液：将27.5g无水氯化钙溶于水，稀释至1000mL。

（4）氯化铁溶液：将0.25g氯化铁（$FeCl_3 \cdot 6H_2O$）溶于水，稀释至1000mL。

（5）盐酸溶液（0.5mol/L）：将40mL(ρ=1.18g/mL）盐酸溶于水中，稀释至100mL。

（6）氢氧化钠溶液（0.5mol/L）：将20g氢氧化钠溶于水，稀释至1000mL。

（7）亚硫酸钠溶液（$C_{1/2}Na_2SO_3$=0.025mol/L）：将1.575g亚硫酸钠溶于水，稀释至1000mL。此溶液不稳定，需每天配制。

（8）葡萄糖-谷氨酸标准溶液：将葡萄糖（$C_6H_{12}O_6$）和谷氨酸（HOOC—CH_2—CH_2—$CHNH_2$—COOH）在103℃干燥1h，各称取150mg溶于水中，移入1000mL容量瓶

内并稀释至标线，混合均匀。此标准溶液临用前配制。

（9）稀释水：在5~20L玻璃瓶内装入一定量的水，控制水温在20℃左右。然后用无油空气压缩机或薄膜泵，将此水暴气2~8h，使水中的溶解氧接近于饱和，也可以鼓入适量纯氧。瓶口盖以两层经洗涤晾干的纱布，置于20℃培养箱中放置数小时，使水中溶解氧含量达8mg/L左右。临用前于每升水中加入氯化钙溶液、氯化铁溶液、硫酸镁溶液、磷酸盐缓冲溶液各1mL，并混合均匀。稀释水的pH值应为7.2，其BOD_5应小于0.2mg/L。

（10）接种液：根据所取水样用不同的方法获取适用的接种液。

（11）接种稀释水：取适量接种液，加于稀释水中，混匀。每升稀释水中接种液加入量生活污水为1~10mL，表层土壤浸出液为20~30mL；河水、湖水为10~100mL。接种稀释水的pH值应为7.2，BOD_5值以在0.3~1.0mg/L之间为宜。接种稀释水配制后应立即使用。

五、测定步骤

（一）水样的预处理

（1）水样的pH值若超出6.5~7.5范围时，可用盐酸或氢氧化钠稀溶液调节至近于7，但用量不要超过水样体积的0.5%。若水样的酸度或碱度很高，可改用高浓度的碱或酸液进行中和。

（2）水样中含有铜、铅、锌、镉、铬、砷、氰等有毒物质时，可使用经驯化的微生物接种液的稀释水进行稀释，或增大稀释倍数，以减小毒物的浓度。

（3）含有少量游离氯的水样，一般放置1~2h，游离氯即可消失。对于游离氯在短时间不能消散的水样，可加入亚硫酸钠溶液，以除去之。其加入量的计算方法是：取中和好的水样100mL，加入1+1乙酸10mL，10%（m/V）碘化钾溶液1mL，混匀。以淀粉溶液作指示剂，用亚硫酸钠标准溶液滴定游离碘。根据亚硫酸钠标准溶液消耗的体积及其浓度，计算水样中所需加亚硫酸钠溶液的量。

（4）从水温较低的水域中采集的水样，可遇到含有过饱和溶解氧，此时应将水样迅速升温至20℃左右，充分振摇，以赶出过饱和的溶解氧。

从水温较高的水域或废水排放口取得的水样，则应迅速使其冷却至20℃左右，并充分振摇，使与空气中氧分压接近平衡。

（二）水样的测定

（1）不经稀释水样的测定：溶解氧含量较高、有机物含量较少的地面水，可不经稀释，而直接以虹吸法将约20℃的混匀水样转移至两个溶解氧瓶内，转移过程中应注意不使其产生气泡。以同样的操作使两个溶解氧瓶充满水样，加塞水封。

立即测定其中一瓶溶解氧。将另一瓶放入培养箱中，在20℃±1℃培养5d后。测其溶解氧。

（2）需经稀释水样的测定

稀释倍数的确定：地面水可由测得的高锰酸盐指数乘以适当的系数求出稀释倍数（见表2-7）。

表 2-7　高锰酸盐指数及系数

高锰酸盐指数/mg·L^{-1}	系　数
<5	—
5~10	0.2、0.3
10~20	0.4、0.6
>20	0.5、0.7、1.0

工业废水可由重铬酸钾法测得的 COD 值确定。通常需作三个稀释比，即使用稀释水时，由 COD 值分别乘以系数 0.075、0.15、0.225，即获得三个稀释倍数；使用接种稀释水时，则分别乘以 0.075、0.15 和 0.25，获得三个稀释倍数。

稀释倍数确定后按下法之一测定水样。

1）一般稀释法：按照选定的稀释比例，用虹吸法沿筒壁先引入部分稀释水（或接种稀释水）于 1000mL 量筒中，加入需要量的均匀水样，再引入稀释水（或接种稀释水）至 800mL，用带胶板的玻璃棒小心上下搅匀。搅拌时勿使搅棒的胶板露出水面，防止产生气泡。

按不经稀释水样的测定步骤，进行装瓶，测定当天溶解氧和培养 5d 后的溶解氧含量。

另取两个溶解氧瓶，用虹吸法装满稀释水（或接种稀释水）作为空白，分别测定 5d 前、后的溶解氧含量。

2）直接稀释法：直接稀释法是在溶解氧瓶内直接稀释。在已知两个容积相同（其差小于 1mL）的溶解氧瓶内，用虹吸法加入部分稀释水（或接种稀释水），再加入根据瓶容积和稀释比例计算出的水样量，然后引入稀释水（或接种稀释水）至刚好充满，加塞，勿留气泡于瓶内。其余操作与上述稀释法相同。

在 BOD_5测定中，一般采用叠氮化钠改良法测定溶解氧。如遇干扰物质，应根据具体情况采用其他测定法。溶解氧的测定法附后。

六、计算

1. 不经稀释直接培养的水样

$$BOD_5(mg/L) = c_1 - c_2$$

式中　c_1——水样在培养前的溶解氧浓度，mg/L；

c_2——水样经 5d 培养后，剩余溶解氧浓度，mg/L。

2. 经稀释后培养的水样

$$BOD_5(mg/L) = [(c_1 - c_2) - (B_1 - B_2)f_1]/f_2$$

式中　B_1——稀释水（或接种稀释水）在培养前的溶解氧浓度，mg/L；

B_2——稀释水（或接种稀释水）在培养后的溶解氧浓度，mg/L；

f_1——稀释水（或接种稀释水）在培养液中所占比例；

f_2——水样在培养液中所占比例。

七、注意事项

(1) 测定一般水样的 BOD_5时，硝化作用很不明显或根本不发生。但对于生物处理池出水，则含有大量硝化细菌。因此，在测定 BOD_5 时也包括了部分含氮化合物的需氧量。对于这种水样，如只需测定有机物的需氧量，应加入硝化抑制剂，如丙烯基硫脲（ATU，$C_4H_8N_2S$）等。

（2）在两个或三个稀释比的样品中，凡消耗溶解氧大于 2mg/L 和剩余溶解氧大于 1mg/L 都有效，计算结果时，应取平均值。

（3）为检查稀释水和接种液的质量，以及化验人员的操作技术，可将 20mL 葡萄糖-谷氨酸标准溶液用接种稀释水稀释至 1000mL，测其 BOD_5，其结果应在 180~230mg/L 之间。否则，应检查接种液、稀释水或操作技术是否存在问题。

八、思考题

测定了水的化学需氧量，为何还要测定五日生化需氧量？

实验二十二　水中挥发酚类的测定（4—氨基安替比林分光光度法）

一、实验目的

（1）掌握用蒸馏法预处理水样酚的方法；

（2）掌握分光光度测定挥发酚的原理和方法。

二、实验原理

酚类化合物于pH10.0±0.2介质中，在铁氰化钾存在下，与4—氨基安替比林（4—AAP）反应，生成橙红色的吲哚酚氨基安替比林染料，其水溶液在510nm波长处有最大吸收度。

当水样中存在氧化剂、还原剂、油类及某些金属离子时，均应设法消除并进行预蒸馏。对硫化物加入硫酸铜使之沉淀，或在酸性条件下使其以硫化氢形式溢出。

三、仪器及试剂

（一）仪器

（1）500mL全玻璃蒸馏器。

（2）50mL具塞比色管。

（3）分光光度计。

（二）试剂

（1）无酚水：于1L中加入0.2g经200℃活化0.5h的活性炭粉末，充分振摇后，放置过夜。用双层中速滤纸过滤，滤出液储于硬质玻璃瓶中备用。或加氢氧化钠使水呈强碱性，并滴加高锰酸钾溶液至紫红色，移入蒸馏瓶中加热蒸馏，收集馏出液备用。

（2）硫酸铜溶液：称取50g硫酸铜（$CuSO_4 \cdot 5H_2O$）溶于水，稀释至500mL。

（3）磷酸溶液：量取10mL 85%的磷酸用水稀释至100mL。

（4）甲基橙指示剂溶液：称取0.05g甲基橙溶于100mL水中。

（5）苯酚标准储备液：（约1 mg/mL）称取1.00g无色苯酚溶于水，移入1000mL容量瓶中，稀释至标线，标定，置于冰箱内备用。

（6）苯酚标准液（0.010mg/mL）：取10mL的1mg/mL苯酚标准储备液于250mL容量瓶中，用水稀释至刻度，配成0.010mg/mL苯酚。使用时当天配制。

（7）缓冲溶液（pH约为10）：称取7g氯化铵溶于适量水中，加入57mL氨水中，加水稀至100mL。

（8）2%（*m/V*）4—氨基安替比林溶液：称取4—氨基安替比林（$C_{11}H_{13}N_3O$）2g溶于水，稀释至100mL。

注：固体试剂易潮解、氧化，宜保存在干燥器中。

（9）8%（*m/V*）铁氰化钾溶液：（现配）称取8g铁氰化钾{$K_3[Fe(CN)_6]$}溶于水，稀释至100mL。

四、测定步骤

（一）水样预处理

量取 100mL 水样置于蒸馏瓶中，加数粒小玻璃珠以防暴沸，再加两滴甲基橙指示液，用磷酸溶液调节 pH 至 4（溶液呈橙红色），加 5.0mL 硫酸铜溶液（如采样时已加过硫酸铜，则补加适量）。如加入硫酸铜溶液后产生较多量的黑色硫化铜沉淀，则应摇匀后放置片刻，待沉淀后，再滴加硫酸铜溶液，至不再产生沉淀为止。

（二）水样蒸馏

连接冷凝器，加热蒸馏，至蒸馏出约 90mL 时，停止加热，放冷。加水稀至 100mL。蒸馏过程中，如发现甲基橙的红色褪去，应在蒸馏结束后，再加 1 滴甲基橙指示液。如发现蒸馏后残液不呈酸性，则应重新取样，增加磷酸加入量，进行蒸馏。

（三）标准曲线的绘制

于一组 8 支 50mL 比色管中，分别加入 0mL、0.25mL、0.50mL、1.50mL、2.50mL、3.50mL、5.00mL、6.00mL 苯酚标准液，然后加 0.5mL 缓冲溶液，0.5mL 4—氨基安替比林溶液，1.0mL 铁氰化钾溶液，加水稀释至 25mL 刻度，充分混匀，放置 10min 后立即于 510nm 波长处，用 1cm 比色皿，以空白为参比，测量吸光度。绘制吸光度对苯酚含量（mg）的标准曲线。

（四）水样的测定

分别取 0.5mL、1.0mL、1.5mL 馏出液于三支 25mL 比色管中，然后加 0.5mL 缓冲溶液，0.5mL 4—氨基安替比林溶液，1.0mL 铁氰化钾溶液，加水稀释至刻度，充分混匀，放置 10min 后立即于 510nm 波长处，用 1cm 比色皿，以空白为参比，测量吸光度。

五、数据处理

（1）绘制以吸光度 A 对酚含量（mg）的标准曲线。

酚标液体积/mL	0	0.25	0.50	1.50	2.50	3.50	5.00	6.00
酚标液浓度/mg								
吸光度 A								

（2）由水样测得的吸光度后，从标准曲线上查得酚含量（mg），计算馏出液中酚总量（mg），并计算原水样中酚含量：

$$\text{挥发酚类(以苯酚计，mg/L)} = \frac{m}{V} \times 1000$$

式中 m——馏出液中苯酚总量，mg；

V——移取馏出液体积，mL。

蒸馏水样体积/mL	0.5	1.0	1.5
吸光度 A			
酚的量/mg			
馏出液中苯酚总量/mg			
水样中酚含量/mg·L^{-1}			
平均值			

六、思考题

（1）水样中加入硫酸铜的目的是什么？

（2）挥发酚类的测定为什么要预蒸馏？

实验二十三　水中大肠菌群的测定（多管发酵法）

一、实验目的

（1）掌握多管发酵法测定水中总大肠菌群的技术；

（2）巩固细菌学检验法的有关内容。

二、实验原理

总大肠菌群可用多管发酵法或滤膜法检验。多管发酵法的原理是根据大肠菌群细菌能发酵乳糖、产酸、产气，以及具备革兰氏染色阴性，无芽孢，呈杆状等有关特性，通过三个步骤进行检验求得水样中的总大肠杆菌群数。试验结果以最可能数（most probable number）表示，简称 MPN。

三、仪器与试剂

（1）高压蒸汽灭菌器。

（2）恒温培养箱、冰箱。

（3）生物显微镜、载玻片。

（4）酒精灯、镍铬丝接种棒。

（5）培养皿（直径 100mm）、试管（5×150mm）、吸管（1mL、5mL、10mL）、烧杯（200mL、500mL、2000mL）、锥形瓶（500mL、1000mL）、采样瓶。

（6）乳糖蛋白胨培养液：将 10g 蛋白胨、3g 牛肉膏、5g 乳糖和 5g 氯化钠加热溶解于 1000mL 蒸馏水中，调节溶液 pH 为 7.2~7.4，再加入 1.6%溴甲酚紫乙醇溶液 1mL，充分混匀，分装于试管中，于 121℃高压灭菌器中灭菌 15min，贮存于冷暗处备用。

（7）三倍浓缩乳糖蛋白胨培养液：按上述乳糖蛋白胨培养液的制备方法配制。除蒸馏水外，各组分用量增加至三倍。

（8）品红亚硫酸钠培养基：

1）贮备培养基的制备：于 2000mL 烧杯中，先将 20~30g 琼脂加到 900mL 蒸馏水中，加热溶解，然后加入 3.5g 磷酸氢二钾及 10g 蛋白胨，混匀，使其溶解，再用蒸馏水补充到 1000mL，调节溶液 pH 为 7.2~7.4。趁热用脱脂棉或绒布过滤，再加入 10g 乳糖，混匀，定量分装于 250mL 或 500mL 锥形瓶内，置于高压灭菌器中，在 121℃灭菌 15min，贮存于冷暗处备用。

2）平皿培养基的制备：将上法制备的贮备培养基加热融化。根据锥形瓶内培养基的容量，用灭菌吸管按比例吸取一定量的 5%碱性品红乙醇溶液，置于灭菌试管中；再按比例称取无水亚硫酸钠，置于另一灭菌空试管内，加灭菌水少许使其溶解，再置于沸水浴中煮沸 10min（灭菌）。用灭菌吸管吸取已灭菌的亚硫酸钠溶液，滴加于碱性品红乙醇溶液内至深红色再褪至淡红色为止（不宜多加）。将此混合液全部加入已融化的贮备培养基内，并充分混匀（防止产生气泡）。立即将此培养基适量（约 15mL）倾入已灭菌的平皿内，待冷却凝固后，置于冰箱内备用，但保存时间不宜超过两周。如培养基已由淡红色变成深红色，则不能再用。

（9）伊红美蓝培养基：

1）贮备培养基的制备：于2000mL烧杯中，先将20~30g琼脂加到900mL蒸馏水中，加热溶解。再加入2.0g磷酸二氢钾及10g蛋白胨，混合使之溶解，用蒸馏水补充至1000mL，调节溶液pH值为7.2~7.4。趁热用脱脂棉或绒布过滤，再加入10g乳糖，混匀后定量分装于250mL或500mL锥形瓶内，于121℃高压灭菌15min，贮于冷暗处备用。

2）平皿培养基的制备：将上述制备的贮备培养基融化。根据锥形瓶内培养基的容量，用灭菌吸管按比例分别吸取一定量已灭菌的2%伊红水溶液（0.4g伊红溶于20mL水中）和一定量已灭菌的0.5%美蓝水溶液（0.065g美蓝溶于13mL水中），加入已融化的贮备培养基内，并充分混匀（防止产生气泡），立即将此培养基适量倾入已灭菌的空平皿内，待冷却凝固后，置于冰箱内备用。

（10）革兰氏染色剂：

1）结晶紫染色液：将20mL结晶紫乙醇饱和溶液（称取4~8g结晶紫溶于100mL 95%乙醇中）和80mL 1%草酸铵溶液混合、过滤。该溶液放置过久会产生沉淀，不能再用。

2）助染剂：将1g碘与2g碘化钾混合后，加入少许蒸馏水，充分振荡，待完全溶解后，用蒸馏水补充至300mL。此溶液两周内有效。当溶液由棕黄色变为淡黄色时应弃去。为易于贮备，可将上述碘与碘化钾溶于30mL蒸馏水中，临用前再加水稀释。

3）脱色剂：95%乙醇。

4）复染剂：将0.25g沙黄加到10mL 95%乙醇中，待完全溶解后，加90mL蒸馏水。

四、实验步骤

（一）生活饮用水

（1）初发酵试验：在两个已灭菌的50mL三倍浓缩乳糖蛋白胨培养液的大试管或烧杯中（内有倒管），以无菌操作各加入已充分混匀的水样100mL。在10支装有已灭菌的5mL三倍浓缩乳糖蛋白胨培养液的试管中（内有倒管），以无菌操作加入充分混匀的水样10mL，混匀后置于37℃恒温箱内培养24h。

（2）平板分离：上述各发酵管经培养24h后，将产酸、产气及只产酸的发酵管分别接种于伊红美蓝培养基或品红亚硫酸钠培养基上，置于37℃恒温箱内培养24h，挑选符合下列特征的菌落：

1）伊红美蓝培养基上：深紫黑色，具有金属光泽的菌落；紫黑色，不带或略带金属光泽的菌落；淡紫红色，中心色较深的菌落。

2）品红亚硫酸钠培养基上：紫红色，具有金属光泽的菌落；深红色，不带或略带金属光泽的菌落；淡红色，中心色较深的菌落。

（3）取有上述特征的群落进行革兰氏染色：

1）用已培养18~24h的培养物涂片，涂层要薄。

2）将涂片在火焰上加温固定，待冷却后滴加结晶紫溶液，1min后用水洗去。

3）滴加助染剂，1min后用水洗去。

4）滴加脱色剂，摇动玻片，直至无紫色脱落为止（约20~30s），用水洗去。

5）滴加复染剂，1min后用水洗去，晾干、镜检，呈紫色者为革兰氏阳性菌，呈红色者为阴性菌。

（4）复发酵试验：上述涂片镜检的菌落如为革兰氏阴性无芽孢的杆菌，则挑选该菌落的另一部分接种于装有普通浓度乳糖蛋白胨培养液的试管中（内有倒管），每管可接种分离自同一初发酵管（瓶）的最典型菌落 1~3 个，然后置于 37℃ 恒温箱中培养 24h，有产酸、产气者（不论倒管内气体多少皆作为产气论），即证实有大肠菌群存在。根据证实有大肠菌群存在的阳性管（瓶）数查表 2-8“大肠菌群检数表”，报告每升水样中的大肠菌群数。

（二）水源水

（1）于各装有 5mL 三倍浓缩乳糖蛋白胨培养液的 5 个试管中（内有倒管），分别加入 10mL 水样；于各装有 10mL 乳糖蛋白胨培养液的 5 个试管中（内有倒管），分别加入 1mL 水样；再于各装有 10mL 乳糖蛋白胨培养液的 5 个试管中（内有倒管），分别加入 1mL 1∶10 稀释的水样。共计 15 管，三个稀释度。将各管充分混匀，置于 37℃ 恒温箱内培养 24h。

（2）平板分离和复发酵试验的检验步骤同“生活饮用水检验方法”。

（3）根据证实总大肠杆菌群数存在的阳性管数，查表 2-9“最可能数（MPN）表”，即求得每 100mL 水样中存在的总大肠菌群数。我国目前系以 1L 为报告单位，故 MPN 值再乘以 10，即为 1L 水样中的总大肠菌群数。

例如，某水样接种 10mL 的 5 管均为阳性；接种 1mL 的 5 管中有 2 管为阳性；接种 1∶10的水样 1mL 的 5 管均为阴性。从最可能数（MPN）表中查检验结果 5~2~0，得知 100mL 水样中的总大肠菌群数为 49 个，故 1L 水样中的总大肠菌群数为 49×10=490 个。

对污染严重的地表水和废水，初发酵试验的接种水样应作 1∶10、1∶100、1∶1000 或更高倍数的稀释，检验步骤同“水源水”检验方法。

如果接种的水样量不是 10mL、1mL 和 0.1mL，而是较低或较高的三个浓度的水样量，也可查表求得 MPN 指数，再经下面公式换算成每 100mL 的 MPN 值：

$$\text{MPN 值} = \text{MPN 指数} \times \frac{10(\text{mL})}{\text{接种量最大的一管}(\text{mL})}$$

表 2-8　大肠菌群检数表

（接种水样总量，100mL 2 份，10mL 10 份）

10mL 水量的阳性管数	100mL 水量的阳性瓶数		
	0	1	2
	1L 水样中大肠菌群数	1L 水样中大肠菌群数	1L 水样中大肠菌群数
0	<3	4	11
1	3	8	18
2	7	13	27
3	11	18	38
4	14	24	52
5	18	30	70
6	22	36	92
7	27	43	120
8	31	51	161
9	36	60	230
10	40	69	>230

表 2-9　最可能数（MPN）表

（接种 5 份 10mL 水样、5 份 1mL、5 份 0. 1mL 水样时，不同阳性及阴性情况下 100mL 水样中细菌数的可能数和 95%可信限值）

出现阳性份数			每 100mL 水样中细菌数的最可能数	95%可信限值		出现阳性份数			每 100mL 水样中细菌数的最可能数	95%可信限值	
10mL 管	1mL 管	0. 1mL 管		下限	上限	10mL 管	1mL 管	0. 1mL 管		下限	上限
0	0	0	<2			4	2	0	26	9	78
0	0	1	2	<0. 5	7	4	3	1	27	9	80
0	1	0	2	<0. 5	7	4	3	0	33	11	93
0	2	0	4	<0. 5	11	4	4	0	34	12	93
1	0	0	2	<0. 5	7	5	0	0	23	7	70
1	0	1	4	<0. 5	11	5	0	1	34	11	89
1	1	0	4	<0. 5	15	5	0	2	43	15	110
1	1	1	6	<0. 5	15	5	1	0	33	11	93
1	2	0	6	<0. 5	15	5	1	1	46	16	120
2	0	0	5	<0. 5	13	5	1	2	63	21	150
2	0	1	7	1	17	5	2	0	49	17	130
2	1	0	7	1	17	5	2	1	70	23	170
2	1	1	9	2	21	5	2	2	94	28	220
2	2	0	9	2	21	5	3	0	79	25	190
2	3	0	12	3	28	5	3	1	110	31	250
3	0	0	8	1	19	5	3	2	140	37	310
3	0	1	11	2	25	5	3	3	180	44	500
3	1	0	11	2	25	5	4	0	130	35	300
3	1	1	14	4	34	5	4	1	170	43	190
3	2	0	14	4	34	5	4	2	220	57	700
3	2	1	17	5	46	5	4	3	280	90	850
3	3	0	17	5	46	5	4	4	350	120	1000
4	0	1	13	3	31	5	5	0	240	68	750
4	0	0	17	5	46	5	5	1	350	120	1000
4	1	1	17	5	46	5	5	2	540	180	1400
4	1	2	21	7	63	5	5	3	920	300	3200
4	1	0	26	9	78	5	5	4	1600	640	5800
4	2	1	22	7	67	5	5	5	≥2400		

五、注意事项

（1）严格无菌操作，防止污染。

（2）注意正确投放发酵倒管。

（3）注意严格控制革兰氏染色中的染色和脱色时间。

六、思考题

在接种过程中应注意哪些事项？

环境空气质量监测实验

实验一　空气中二氧化硫的测定（甲醛吸收-副玫瑰苯胺分光光度法）

一、实验目的

（1）掌握二氧化硫测定的基本方法；

（2）熟练大气采样器和分光光度计的使用。

二、实验原理

大气中的二氧化硫被四氯汞钾溶液吸收后，生成稳定的二氯亚硫酸盐络合物，此络合物再与甲醛及盐酸副玫瑰苯胺发生反应，生成紫红色的络合物，据其颜色深浅，用分光光度法测定。按照所用的盐酸副玫瑰苯胺使用液含磷酸多少，分为两种操作方法。方法一：含磷酸量少，最后溶液的 pH 值为 1.6±0.1；方法二：含磷酸量多，最后溶液的 pH 值为 1.2±0.1，是我国暂选为环境监测系统的标准方法。

本实验采用方法二测定。

三、实验仪器

（1）多孔玻板吸收管（用于短时间采样）；多孔玻板吸收瓶（用于 24h 采样）。

（2）空气采样器：流量 0~1L/min。

（3）分光光度计。

四、实验试剂

（1）蒸馏水。25℃时电导率小于 1.0μΩ/cm。pH 值为 6.0~7.2。检验方法为在具塞锥形瓶中加 500mL 蒸馏水，加 1mL 浓硫酸和 0.2mL 高锰酸钾溶液（0.316g/L），室温下放置 1h，若高锰酸钾不褪色，则蒸馏水符合要求，否则应重新蒸馏（1000mL 蒸馏水中加 1g $KMnO_7$及 1g $Ba(OH)_2$，在全玻璃蒸馏器中蒸馏）。

（2）甲醛吸收液（甲醛缓冲溶液）。

1）环己二胺四乙酸二钠溶液 c(CDTA-2Na) = 0.050mol/L：称取 1.82g 反式-1，2-环己二胺四乙酸[(trans-1, 2-Cyclohexylenedinitrilo) tetracetic acid，简称 CDTA]，溶解于 1.50mol/L NaOH 溶液 6.5mL，用水稀释至 100mL。

2）吸收储备液：量取 36%~38%甲醛溶液 5.5mL，加入 2.0g 邻苯二甲酸氢钾及 0.050mol/L CDTA—2Na 20.0mL 溶液，用水稀释至 100mL，贮于冰箱中，可保存一年。

3）甲醛吸收液：使用时，将吸收贮备液用水稀释 100 倍。此溶液每毫升含 0.2mg 甲醛。

（3）0.60%（m/V）氨磺酸钠溶液。称取 0.60g 氨基磺酸（H_2NSO_3H），加入 1.50mol/L 氢氧化钠溶液 4.0mL，用水稀释至 100mL 密封保存，可使用 10 天。

（4）氢氧化钠溶液，$c(NaOH)=1.50$mol/L。称取 6g 氢氧化钠溶于 100mL 水中。

（5）碘贮备液，$c(1/2\ I_2)=0.1$mol/L。称取 12.7g 碘化钾（I_2）于烧杯中，加入 40g 碘化钾和 25mL 水，搅拌至完全溶液后，用水稀释至 1000mL，贮于棕色细口瓶中。

（6）碘溶液，$c(1/2\ I_2)=0.05$mol/L。量取碘贮备液 250mL，用水稀释至 500mL，贮于棕色细口瓶中。

（7）淀粉指示剂。称取 0.5g 可溶性淀粉，用少量水调成糊状（可加 0.2g 二氧化锌防腐），慢慢倒入 100mL 沸水中，继续煮沸至溶液澄清，冷却后贮于细口瓶中。

（8）碘酸钾溶液 $c(1/6KIO_3)=0.1000$mol/L。称取 3.567g 碘酸钾（KIO_3 优级纯），105~110℃干燥 2h，溶解于水，移入 1000mL 容量瓶中，用水稀释至标线，摇匀。

（9）硫代硫酸钠贮备液，$c(Na_2S_2O_3)=0.10$mol/L。称取 25.0g 硫代硫酸钠（$Na_2S_2O_3 \cdot 5H_2O$），溶解于 1000mL 新煮沸并已冷却的水中，加 0.20g 无水碳酸钠，贮于棕色细口瓶中，放置一周后标定其浓度。若溶液呈现浑浊时，应该过滤。

标定方法：吸取 0.1000mol/L 碘酸钾溶液 10.00mL，置于 250mL 碘量瓶中，加 80mL 新煮沸并已冷却的水，和 1.2g 碘化钾，振摇至完全溶解后，加（1+9）盐酸溶液 10mL［或（1+9）磷酸溶液 5~7mL］，立即盖好瓶塞，摇匀，于暗处放置 5min 后，用 0.10mol/L 硫代硫酸钠贮备溶液滴定至淡黄色，加淀粉溶液 2mL，继续滴定蓝色刚好褪去。记录消耗体积（V），按下式计算浓度：

$$c(Na_2S_2O_3) = 0.1000 \times 10.00/V$$

式中　$c(Na_2S_2O_3)$——硫代硫酸钠贮备溶液的浓度，mol/L；

V——滴定消耗硫代硫酸钠溶液体积，mL。

平行滴定所用硫代硫酸钠溶液液体积之差不超过 0.05mL。

（10）硫代硫酸钠标准溶液（$c=0.05$mol/L）。

取标定后的 0.10mol/L 硫代硫酸钠贮备溶液 250.0mL，置于 500mL 容量瓶中，用新煮沸并已冷却水稀释至标线摇匀，贮于棕色细口瓶中，临用现配。

（11）二氧化硫标准溶液。称取 0.200g 亚硫酸钠（$Na_2S_2O_3$），溶解于 0.05% EDTA-2Na 溶液 200mL（用新煮沸并已冷却的水配制），缓缓摇匀使其溶解，放置 2~3h 后标定浓度，此溶液相当于每毫升含 320~400μg 二氧化硫。

标定方法：吸取上述亚硫酸钠溶液 20.00mL，置于 250mL 碘量瓶中，加入新煮沸并已冷却的水 50mL、0.05mol/L 碘溶液 20.00mL 及冰乙酸 1.0mL 盖塞，摇匀。于暗处放置 5min，用 0.05mol/L 硫代硫酸钠标准溶液滴定至淡黄色，加入 0.5%淀粉溶液 2mL，继续滴定至蓝色刚好褪去，记录消耗体积（V）。

平行滴定所用硫代硫酸钠标准溶液体积之差应不大于 0.04mL，取平均值计算浓度：

$$c(SO_2,\ \mu g/mL) = (V_0 - V) \times C \times 32.02 \times 1000/20.00$$

式中　V_0——滴定空白溶液所消耗的硫代硫酸钠标准溶液体积，mL；

V——滴定亚硫酸钠溶液所消耗的硫代硫酸钠标准溶液体积，mL；

c——硫代硫酸钠（$Na_2S_2O_3$）标准溶液浓度，mol/L；

32.02——二氧化硫（$1/2SO_2$）的摩尔质量，g/mol。

标定出准确浓度后，立即用吸收液稀释成每毫升10.00μg二氧化硫的标准贮备液(贮于冰箱，可保存3个月)。使用前，再用吸收液稀释为每毫升含1.00μg二氧化硫的标准使用溶液。贮于冰箱，可保存1个月。此溶液供绘制标准曲线及进行分析质量控制时使用。

(12) 0.25%盐酸副玫瑰苯胺贮备溶液的配制及提纯。取正丁醇和1.0mol/L盐酸溶液各500mL，放入1000mL分液漏斗中，盖塞，振摇3min，使其互溶达到平衡，静置15min，待完全分层后，将下层水相（盐酸溶液）和上层有机相（正丁醇）分别移入细口瓶中备用，称取0.125g盐酸副玫瑰苯胺（Pararosaniline Hydrochloride，$C_{19}H_{19}N_3Cl \cdot 3HCl$又名对品红，副品红，简称PRA）放入小烧杯中，加平衡过的1.0mol/L盐酸溶液40mL，用玻棒搅拌至完全溶解后，移入250mL分液漏斗中，再用80mL平衡过的正丁醇洗涤小烧杯数次，洗涤液并入同一分液漏斗中，盖塞，振摇3min，静置15min待完全分层后，将下层水相移入另一250mL分液漏斗中，再加80mL平衡过的下丁醇，依上法提取，将水相称入另一分液漏斗中，加40mL平衡过的正丁醇，依上法反复取8~10次后，将水相滤入50mL容量瓶中，用1.0mol/L盐酸溶液稀释至标线，摇匀。此PRA贮备液为橙黄色，应符合以下条件：

1) PRA溶液在乙酸-乙酸钠缓冲溶液中，于波长540nm处有最大吸收峰。吸取0.25%PRA贮备液1.00mL，置于100mL容量瓶中，用水稀释至标线，摇匀。吸取此稀释液5.00mL，置于50mL容量瓶中，加1.0mol/L乙酸-乙酸钠缓冲溶液5.00mL（称取13.6g乙酸钠（$CH_3COONa \cdot 3H_2O$），溶解于水，移入100mL容量瓶中，加5.7mL冰乙酸，用水稀释至标线，摇匀。此溶液pH为4.7)，用水稀释至标线，摇匀。1h后，测定吸收峰。

2) 用0.25%PRA贮备溶液配制的0.05%PRA使用溶液，按本操作方法绘制标准曲线，于波长577nm处，用1cm比色皿，测得的试剂空白液吸光度不超过以下数值：

10℃	0.03
20℃	0.04
25℃	0.05
30℃	0.06

标准曲线的斜率为0.044±0.003（吸光度/$\mu gSO_2 \cdot 12mL$）。

(13) 0.05%盐酸副玫瑰苯胺使用液。吸取经提纯的0.25%PRA贮备溶液20.00mL(或0.2%PRA贮备溶液25.00mL)，移入100mL容量瓶中，加85%浓磷酸30mL，浓盐酸10.00mL，用水稀释至标线，摇匀。放置过夜后使用。此溶液避光密封保存，可使用9个月。

(14) 1mol/L盐酸溶液。量取86mL浓盐酸（比重1.9）用水稀释至1000mL。

(15) (1+9) 盐酸溶液。

五、测定步骤

(1) 采样。用多孔玻璃吸收管。内装10mL吸收液。以0.5L/min流量采样1h。采样时吸收液温度应保持在23~29℃，并应避免阳光直接照射样品溶液。

（2）标准曲线的绘制。取14支10mL（具塞比色管，分A、B两组，每组各7支分别对应编号。A组按表3-1配制标准色列。

表3-1　亚硫酸钠标准色列

管号	0	1	2	3	4	5	6
标准使用液/mL	0	0. 05	1. 00	2. 00	5. 00	8. 00	10. 00
吸收液/mL	10. 00	9. 50	9. 00	8. 00	5. 00	2. 00	0
二氧化硫含量	0	0. 50	1. 00	2. 00	5. 00	8. 00	10. 00

A组各管再分别加入0. 60%氨磺钠溶液0. 50mL和1. 50mol/L氢氧化钠溶液0. 50mL混匀。

B组各管加入0. 05%盐酸副玫瑰苯胺使用溶液1. 00mL。

将A组各管逐个倒入对应的B管中，立即混匀放入恒温水浴中显色。在20℃±2℃显色20min。于波长577nm处用1cm比色皿，以水为参比定吸光度。

用最小二乘法计算标准回归方程式：

$$y = bx + a$$

式中　y——标准溶液的吸光度（A）与试剂空白液吸光度（A_0）之差，$y=A-A_0$；

x——二氧化硫含量，μg；

b——回归方程式的斜率（吸光度/μg · 12mL）；

a——回归方程式的截距。

相关系数应大于0. 999。

（3）样品测定：

1）样品溶液中浑浊物，应离心分离除去。

2）将样品溶液移入10mL比色管中，用吸收溶液稀释至10mL标线，摇匀。放置20min使臭氧分解。加入0. 60%氨磺酸钠溶液0. 50mL，混匀，放置10min以除去氮氧化合物的干扰。以下步骤同标准曲线的绘制。

3）样品测定时与绘制标准曲线时温度之差应不超过2℃。

4）与样品溶液测定同时，进行试剂空白测定，标准控制样品或加标回收样品各1~2个以检查试剂空白值和校正因子，检查试剂的可靠性和操作的准确性，进行分析质量控制。

六、数据处理

$$二氧化硫(SO_2,\ mg/m^3) = (A - A_0) - \frac{a}{b} \cdot V_n$$

式中　A——样品溶液光吸光度；

A_0——试剂空白溶液吸光度；

b——回归方程式的斜率（吸光度 μgSO_2 · 12mL）；

a——回归方程式的截距；

V_n——标准状态下采样体积，L。

七、注意事项

（1）温度对显色影响较大，温度越高，空白值越大，温度高时显色快，褪色亦快。因此在实验中要注意观察和控制温度，一般需要用恒温水浴法进行控制，并注意使水浴水面高度超过比色管中溶液的液面高度，否则会影响测定准确度。表 3-2 为显色温度与时间的关系表。

表 3-2　显色温度与时间的关系

显色温度/℃	10	15	20	25	30
显色时间/min	40	25	20	15	5
稳定时间/min	35	25	20	15	10

（2）对品红的提纯很重要，因提纯后可降低试剂空白值和提高方法的灵敏度。提高酸度虽可降低空白值，但灵敏度也有下降。

（3）六价铬能使紫红色络合物褪色，产生负干扰，所以应尽量避免用硫酸铬酸洗液洗涤玻璃器皿，若已洗，则要用（1+1）盐酸浸泡 1h，用水充分洗涤中，除去六价铬。

（4）用过的比色管及比色皿应及时用酸洗涤，否则红色难以洗净。比色管用（1+1）盐酸溶液洗涤，比色皿用（1+4）盐酸加 1/3 体积乙醇的混合液洗涤。

（5）加对品红使用液时，每加 3 份溶液，需间歇 3min，依次进行。以使每个比色管中溶液显色时间尽量接近。

（6）采样时吸收液应保持在 23～29℃。用二氧化硫标准气进行吸收试验，23～29℃时，吸收效率为 100%。

（7）二氧化硫气体易溶于水，空气中蒸气冷凝在进气导管应内壁光滑，吸附性小，宜采用聚四氟乙烯管。并且管应尽量地短，最长不得超过 6cm。

实验二　空气中二氧化氮的测定（盐酸萘乙二胺分光光度法）

一、实验目的

（1）学生掌握大气中二氧化氮测定的基本原理和方法；

（2）熟悉各种仪器的使用。

二、实验原理

测定二氧化氮的浓度，可直接用溶液吸收法采集大气样品，大气中的二氧化氮被吸收液吸收后，生成亚硝酸和硝酸，其中，亚硝酸与对氨基苯磺酸发生重氮化反应，再与盐酸萘乙二胺耦合，生成玫瑰红色偶氮染料，据其颜色深浅，用分光光度法定量。因为 NO_2（气）转变 NO_2^-（液）的转换系数为 0.76，故在计算结果时应除以 0.76。

三、仪器和试剂

（1）吸收瓶：内装 10mL、25mL 或 50mL 吸收液的多孔玻板吸收瓶。

（2）便携式空气采样器：流量范围 0～1L/min。采气流量为 0.4L/min 时，误差小于 ±5%。

（3）分光光度计。

（4）硅胶管，内径约 6mm。

（5）N-(1-萘基）乙二胺盐酸盐贮备液：称取 0.50N-(1-萘基）乙二胺盐酸盐于 500mL 容量瓶中，用水溶解稀释至刻度。此溶液贮于密封的棕色瓶中，在冰箱中冷藏，可以稳定三个月。

（6）显色液：称取 5.0g[$NH_2C_6H_4SO_3H$] 对氨基苯磺酸溶于约 200mL 热水中，将溶液冷却至室温，全部移入 1000mL 容量瓶，加入 50mL 冰乙酸和 50.0mL N-(1-萘基）乙二胺盐酸盐贮备液，用水稀释至刻度。此溶液于密闭的棕色瓶中，在 25℃ 以下暗处存放，可稳定三个月。

（7）吸收液：使用时将显色液和水按 4+1（体积比）比例混合，即为吸收液。此溶液于密闭的棕色瓶中，在 25℃ 以下暗处存放，可稳定三个月。若呈现淡红色，应弃之重配。

（8）亚硝酸盐标准储备溶液 250mg NO_2^-/L，称 0.3750g 亚硝酸钠（$NaNO_2^-$优级纯，预先在干燥器内放置 24h），移入 1000mL 容量瓶中，用水稀释至标线。此溶液储于密闭瓶中于暗处存放，可稳定三个月。

（9）亚硝酸盐标准工作溶液 2.50mg NO_2^-/L，用亚硝酸盐标准储备溶液稀释，临用前现配。

四、操作步骤

（一）采样

取一支多孔玻板吸收瓶，装入 10.0mL 吸收液，以 0.4L/min 流量采气 6～24L。采样、样品运输及存放过程应避免阳光照射。空气中臭氧浓度超过0.25mg/m³时，使吸收液略显红色，对二氧化氮的测定产生负干扰。采样时在吸收瓶入口端串接一段15~20cm长的硅胶管，可以将臭氧浓度降低到不干扰二氧化氮测定的水平。

（二）标准曲线的绘制

取6支10mL具塞比色管，按表3-3制备标准色列。

表3-3 标准色列的配制

管 号	0	1	2	3	4	5
标准工作溶液/mL	0	0.4	0.8	1.2	1.6	2
水/mL	2	1.6	1.2	0.8	0.4	0
显色液/mL	8	8	8	8	8	8
NO_2浓度/$\mu g \cdot mL^{-1}$	0	0.1	0.2	0.3	0.4	0.5

各管混匀，于暗处放置20min（室温低于20℃时，应适当延长显色时间。如室温为15℃时，显色40min），用10mm比色皿，以水为参比，在波长540~545nm之间处，测量吸光度。扣除空白试验的吸光度后，对应NO_2^-的浓度（μg/mL），用最小二乘法计算标准曲线的回归方程。

（三）样品测定

采样后放置20min（气温低时，适当延长显色时间。如室温为15℃时，显色40min），用水将采样瓶中吸收液的体积补至标线，混匀，以水为参比，在540~545nm处测量其吸光度和空白试验样品的吸光度。

若样品的吸光度超过标准曲线的上限，应用空白试验溶液稀释，再测其吸光度。

五、数据处理

$$二氧化氮(NO_2,\ mg/m^3) = (A - A_0) \times B_s \times V_t / 0.76 V_n \times V_a$$

式中 A——样品溶液的吸光度；

A_0——试剂空白溶液的吸光度；

B_s——标准曲线斜率的倒数，即单位吸光度对应的NO_2的质量，mg；

V_n——标准状态下的采样体积，L；

0.76——NO_2（气）转换为NO_2^-（液）的系数。

六、注意事项

（1）采样后应尽快测量样品的吸光度，若不能及时分析，应将样品于低温暗处存放。样品于30℃暗处存放，可稳定8h；20℃暗处存放，可稳定24h；于0~4℃冷藏，至少可稳定三天。

（2）空白试验与采样使用的吸收液应为同一批配制的吸收液。

（3）空气中臭氧浓度超过0.25mg/m³时，使吸收液略显红色，对二氧化氮的测定产生干扰。采样时在吸收瓶入口端串接一段15~20cm长的硅胶管，即可将臭氧浓度降低到不干扰二氧化氮测定的水平。

实验三　空气中总悬浮颗粒物的测定（重量法）

一、实验目的

了解和掌握大气中总悬浮颗粒物测定的方法和原理，熟悉重量法的操作步骤。

二、实验组织运行要求

根据本实验的特点、要求和具体条件，采用分组实验的方法，每组三位学生，便于学生互相讨论和监督。

三、实验原理

用重量法测定大气中总悬浮颗粒物的方法一般分为大流量（1.1～1.7m^3/min）和中流量（0.05～0.15m^3/min）采样法。其原理基于：抽取一定体积的空气，使之通过已恒重的滤膜，则悬浮微粒被阻留在滤膜上，根据采样前后滤膜重量之差及采气体积，即可计算总悬浮颗粒物的质量浓度。本实验采用中流量采样法测定。

四、实验条件

（1）中流量采样器：流量 50～150L/min，滤膜直径 8～10cm。
（2）流量校准装置：经过罗茨流量计校准的孔口校准器。
（3）气压计。
（4）滤膜：超细玻璃纤维或聚氯乙烯滤膜。
（5）滤膜贮存袋及贮存盒。
（6）分析天平：感量 0.1mg。

五、实验步骤

（1）采样器的流量校准：采样器每月用孔口校准器进行流量校准。
（2）采样。
1）每张滤膜使用前均需用光照检查，不得使用有针孔或有任何缺陷的滤膜采样。
2）迅速称重在平衡室内已平衡 24h 的滤膜，读数准确至 0.1mg，记下滤膜的编号和重量，将其平展地放在光滑洁净的纸袋内，然后贮存于盒内备用。天平放置在平衡室内，平衡室温度在 20～25℃之间，温度变化小于±3℃，相对湿度小于 50%，湿度变化小于 5%。
3）将已恒重的滤膜用小镊子取出，“毛”面向上，平放在采样夹的网托上，拧紧采样夹，按照规定的流量采样。
4）采样 5min 后和采样结束前 5min，各记录一次 U 型压力计压差值，读数准确至 1mm。若有流量记录器，可直接记录流量。测定日平均浓度一般从 8：00 开始采样至第二天 8：00 结束。若污染严重，可用几张滤膜分段采样，合并计算日平均浓度。
5）采样后，用镊子小心取下滤膜，使采样“毛”面朝内，以采样有效面积的长边为中线对叠好，放回表面光滑的纸袋并贮于盒内。将有关参数及现场温度、大气压力等记录填写在下表中。

总悬浮颗粒物采样记录

月、日	时间	采样温度/K	采样气压/kPa	采样器编号	滤膜编号	压差值/cm 水柱			流量/$m^3 \cdot min^{-1}$		备注
						开始	结束	平均	Q_2	Q_n	

（3）样品测定：将采样后的滤膜在平衡室内平衡24h，迅速称重，结果及有关参数记录于下表。

总悬浮颗粒物浓度测定记录

月、日	时间	滤膜编号	流量 Q_n /$m^3 \cdot min^{-1}$	采样体积/m^3	滤膜重量/g			总悬浮颗粒物浓度/$mg \cdot m^{-3}$
					采样前	采样后	样品重	

（4）计算公式：

$$总悬浮颗粒物(TSP,\ mg/m^3) = W/(Q_n \cdot t)$$

式中 W——采样在滤膜上的总悬浮颗粒物质量，mg；

t——采样时间，min；

Q_n——标准状态下的采样流量，m^3/min，按下式计算：

$$Q_n = Q_2[(T_3/T_2)\cdot(P_2/P_3)]^{1/2}(273 \times P_3) \div (101.3 \times T_3)$$
$$= Q_2[(P_2/T_2)\cdot(P_3/T_3)]^{1/2}(273/101.3)$$
$$= 2.69 \times Q_2[(P_2/T_2)\cdot(P_3/T_3)]^{1/2}$$

式中 Q_2——现场采样流量，m^3/min；

P_2——采样器现场校准时大气压力，kPa；

P_3——采样时大气压力，kPa；

T_2——采样器现场校准时空气温度，K；

T_3——采样时的空气温度，K。

若 T_3、P_3 与采样器校准时的 T_2、P_2 相近，可用 T_2、P_2 代之。

六、注意事项

（1）滤膜称重时的质量控制：取清洁滤膜若干张，在平衡室内平衡24h，称重。每张滤膜称10次以上，则每张滤膜的平均值为该张滤膜的原始质量，此为“标准滤膜”。每次称清洁或样品滤膜的同时，称量两张“标准滤膜”，若称出的重量在原始重量±5mg范围内，则认为该批样品滤膜称量合格，否则应检查称量环境是否符合要求，并重新称量该批样品滤膜。

（2）要经常检查采样头是否漏气。当滤膜上颗粒物与四周白边之间的界线逐渐模糊，则表明应更换面板密封垫。

（3）称量不带衬纸的聚氯乙烯滤膜时，在取放滤膜时，用金属镊子触一下天平盘，以消除静电的影响。

七、思考题

重量法中恒重的标准是什么？

实验四　环境空气 PM10、PM5 和 PM2.5 的测定（重量法）

一、实验目的

（1）了解 PM10、PM5 和 PM2.5 的概念；

（2）掌握重量法测定环境空气 PM10、PM5 和 PM2.5 的方法。

二、实验原理

PM10：悬浮在空气中，空气动力学直径≤10μm 的颗粒物。

PM5：悬浮在空气中，空气动力学直径≤5μm 的颗粒物。

PM2.5：悬浮在空气中，空气动力学直径≤2.5μm 的颗粒物。

分别通过具有一定切割特性的采样器，以恒速抽取定量体积空气，使环境空气中 PM2.5、PM5 和 PM10 被截留在已知质量的滤膜上，根据采样前后滤膜的重量差和采样体积，计算出 PM2.5、PM15 和 PM10 浓度。

三、仪器和设备

（一）切割器

（1）PM10 切割器、采样系统：切割粒径 $Da50=(10\pm0.5)\mu m$；捕集效率的几何标准差为 $\sigma_g=(1.5\pm0.1)\mu m$。

（2）PM5 切割器、采样系统：切割粒径 $Da50=(5\pm0.5)\mu m$；捕集效率的几何标准差为 $\sigma_g=(1.4\pm0.1)\mu m$。

（3）PM2.5 切割器、采样系统：切割粒径 $Da50=(2.5\pm0.2)\mu m$；捕集效率的几何标准差为 $\sigma_g=(1.2\pm0.1)\mu m$。

（二）采样器孔口流量计或其他符合本标准技术指标要求的流量计

（1）大流量流量计：量程 $0.8\sim1.4m^3/min$；误差≤2%。

（2）中流量流量计：量程 60~125L/min；误差≤2%。

（3）小流量流量计：量程小于 30L/min；误差≤2%。

（三）滤膜

根据样品采集目的可选用玻璃纤维滤膜、石英滤膜等无机滤膜或聚氯乙烯、聚丙烯、混合纤维素等有机滤膜。滤膜对 0.3μm 标准粒子的截留效率不低于 99%。空白滤膜进行平衡处理至恒重，称量后，放入干燥器中备用。

（四）分析天平

感量 0.1mg 或 0.01mg。

（五）恒温恒湿箱（室）

箱（室）内空气温度在 15~30℃范围内可调，控温精度±1℃。箱（室）内空气相对湿度应控制在（50±5）%。恒温恒湿箱（室）可连续工作。

（六）干燥器

内盛变色硅胶。

（七）样品

（1）样品采集。环境空气监测中采样环境及采样频率的要求，按 HJ/T 194 的要求执行。采样时，采样器入口距地面高度不得低于 1.5m。采样不宜在风速大于 8m/s 等天气条件下进行。采样点应避开污染源及障碍物。如果测定交通枢纽处 PM10、PM5 和 PM2.5，采样点应布置在距人行道边缘外侧 1m 处。

采用间断采样方式测定日平均浓度时，其次数不应少于 4 次，累积采样时间不应少于 18h。

采样时，将已称重的滤膜，用镊子放入洁净采样夹内的滤网上，滤膜毛面应朝进气方向。将滤膜牢固压紧至不漏气。如果测定任何一次浓度，每次需更换滤膜；如测日平均浓度，样品可采集在一张滤膜上。采样结束后，用镊子取出。将有尘面两次对折，放入样品盒或纸袋，并做好采样记录。

采样后滤膜样品称量。

（2）样品保存。滤膜采集后，如不能立即称重，应在 4℃ 条件下冷藏保存。

四、分析步骤

将滤膜放在恒温恒湿箱（室）中平衡 24h，平衡条件为：温度取 15~30℃ 中任何一点，相对湿度控制在 45%~55%范围内，记录平衡温度与湿度。在上述平衡条件下，用感量为 0.1mg 或 0.01mg 的分析天平称量滤膜，记录滤膜重量。

同一滤膜在恒温恒湿箱（室）中相同条件下再平衡 1h 后称重。对于 PM10、PM5 和 PM2.5 颗粒物样品滤膜，两次重量之差分别小于 0.4mg 或 0.04mg 为满足恒重要求。

五、结果计算

PM2.5、PM5 和 PM10 浓度按下式计算：.

$$(W_2 - W_1)/\rho = V \times 1000$$

式中 ρ——PM10、PM5 或 PM 2.5 浓度，mg/m^3；

W_2——采样后滤膜的重量，g；

W_1——空白滤膜的重量，g；

V——已换算成标准状态（101.325kPa，273K）下的采样体积，m^3。

计算结果保留 3 位有效数字。小数点后数字可保留到第 3 位。

实验五 环境空气中的苯系物测定（气相色谱法）

一、实验目的

（1）掌握气相色谱法原理及定性定量分析方法；
（2）了解气相色谱仪的基本结构及操作步骤；
（3）初步学会环境空气中苯系物的测定方法；
（4）掌握色谱条件的选择原则；
（5）了解气相色谱仪常见的检测器及检测原理；
（6）了解气相色谱仪使用注意事项及实验安全常识。

二、实验原理

（一）气相色谱法原理

气相色谱法是采用气体作为流动相的一种色谱方法，载气载着欲分离试样通过色谱柱中固定相，使试样中各组分分离，然后分别检测，其流程见图 3-1。

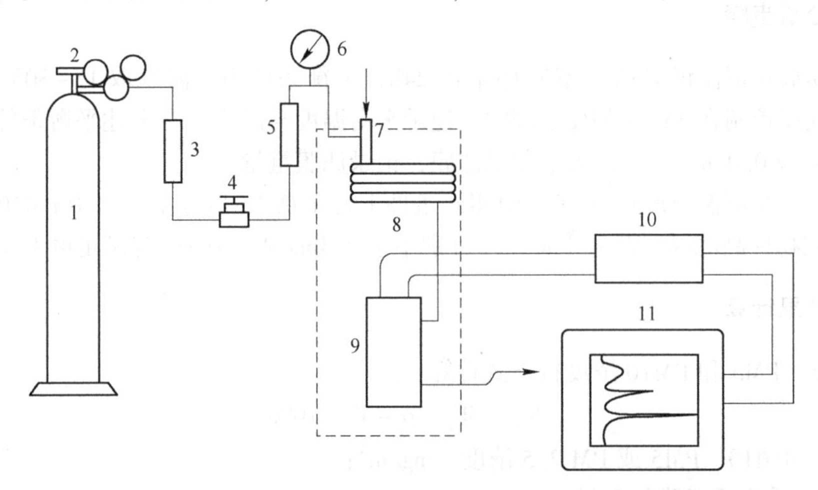

图 3-1 气相色谱仪结构

1—载气钢瓶；2—减压阀；3—净化干燥器；4—针形阀；5—流量计；6—压力表；
7—进样器和汽化室；8—色谱柱；9—检测器；10—放大镜；11—记录仪

载气由高压钢瓶 1 提供，经减压阀 2 进入载气净化干燥器 3，由针形阀控制载气的压力和流量，流量计 5 和压力表指示载气的柱前压力和流量。试样由进样器 7 进入并汽化，然后进入色谱柱 8，各组分分离后依次进入检测器检测，然后经信号放大镜 10 放大后由记录仪 11 记录。

气相色谱法的分离原理：利用待测物质在流动相（载气）和固定相两相间的分配有差异（即有不同的分配系数），当两相作相对运动时，这些组分在两相间的分配反复进行，从几千次到数百万次，即使组分的分配系数只有微小的差异，随着流动相的移动可以有明显的差距，最后使这些组分得到分离。

（二）色谱条件的选择

汽化室温度：通常选择比待测物质沸点高 20~30℃。

色谱柱温度：通常选择比待测物质沸点低 20~30℃。

检测器温度（FID）：高于 120℃。

载气流速：根据实验需要确定，载气流速越大出峰越快，但分离效果不好；流速越小，出峰越慢，但分离效果好。

（三）气相色谱检测器

（1）热导池检测器（TCD）。热导池检测器是基于不同的物质具有不同的热导系数。当电流通过钨丝时，钨丝被加热到一定温度，钨丝的电阻值也就增加到一定值。在未进试样时，通过热导池两个池孔的都是载气。由于载气的热传导作用，使钨丝的温度下降，电阻减小，此时热导池的两个池孔中钨丝温度下降和电阻减小的数值是相同的。在试样组分进入以后，载气流经参比池，而载气带着试样组分流经测量池，由于被测组分与载气组成的混合气体的热导系数和载气的热导系数不同。因而测量池中钨丝的散热情况就发生变化，使两个池孔中的两根钨丝的电阻值之间有差异，此差异可以利用电桥测量出来。热导池检测器对所有物质都有响应，因此是应用最广、最成熟的一种检测器。

（2）氢火焰离子化检测器（FID）。氢火焰离子化检测器是利用高温的氢火焰将部分待测物质离子化，在电场的作用下形成电流，电流信号经放大器放大并被记录仪记录。氢火焰离子化检测器对含碳有机化合物有很高的灵敏度。一般比热导池检测器的灵敏度高几个数量级，故适宜于痕量有机物的分析。

（3）电子俘获检测器（ECD）。电子俘获检测器是应用广泛的一种具有选择性、高灵敏度的浓度型检测器。它的选择性是指它只对具有电负性的物质（如含有卤素、硫、磷、氮、氧的物质）有响应，电负性愈强，灵敏度愈高。高灵敏度表现在能测出 10^{-14}g/mL 的电负性物质。

（4）火焰光度检测器（FPD）。火焰光度检测器是对含磷、含硫的化合物有高选择性和高灵敏度的一种色谱检测器。当含有硫（或磷）的试样进入氢焰离子室，在富氢-空气焰中燃烧时，有下述反应：

$$RS + 空气 + O_2 \longrightarrow SO_2 + CO_2$$

$$2SO_2 + 8H \longrightarrow 2S + 4H_2O$$

亦即有机硫化物首先被氧化成 SO_2，然后被氢还原成 S 原子，S 原子在适当温度下生成激发态的 S_2^* 分子，当其跃迁回基态时，发射出 350~430nm 的特征分子光谱。含磷试样主要以 HPO 碎片的形式发射出 526nm 波长的特征光。这些发射光通过滤光片而照射到光电倍增管上，将光转变为光电流，经放大后在记录器上记录下化合物的色谱图。

三、仪器试剂

（一）仪器

（1）气相色谱仪（附氢火焰离子化检测器）。

（2）毛细管柱（30m×0. 25mm×0. 25μm）。

（3）氢气发生器。

（4）静音空压机。

（5）微量注射器（1μL）。

（6）具塞刻度试管（2mL）。

（7）活性炭采样管。

（二）试剂

高纯氮（99.99%），苯，甲苯，二甲苯，二硫化碳，活性炭（20~40 目）。

四、实验步骤

（一）色谱仪的操作步骤。

（1）开载气。

（2）开气相色谱仪。

（3）选择色谱条件，包括载气流速、汽化室温度、色谱柱温度、检测器温度等。

（4）设定好色谱参数后加热。

（5）开氢气发生器和静音空压机，将氢气流量开关设为关闭状态。

（6）待恒温指示灯亮后，将氢气流量开关调为较大，点火后再调为设定值。

（二）标准曲线的绘制

于 5.0mL 容量瓶中，先加入少量二硫化碳，用 1μL 微量注射器准确取一定量的标准物质注入容量瓶中，加二硫化碳至刻度，配成一定浓度的储备液。临用前取一定量的储备液用二硫化碳逐级稀释成苯系物含量分别为 2.0μg/mL、5.0μg/mL、10.0μg/mL、50.0μg/mL 的标准液。取 0.5μL 标准液进样，测量保留时间及峰面积。每个浓度重复 3 次，取峰面积的平均值。分别以苯系物的含量为横坐标，平均峰面积为纵坐标，绘制标准曲线。并计算回归线的斜率，以斜率的倒数 B_s 作样品测定的计算因子。

（三）样品的测定

将采样管中的活性炭倒入具塞刻度试管中，加 1.0mL 二硫化碳，塞紧管塞，放置 1h，并不时振摇。取 0.5μL 进样，用保留时间定性，峰面积定量。每个样品作三次分析，求峰面积的平均值。同时，取一个未经采样的活性炭管按样品管同时操作，测量空白管的平均峰面积。

（四）计算样品中苯系物的浓度

五、注意事项

（1）使用热导池检测器因载气为氢气，尾气需要排到室外，否则会有爆炸的危险。

（2）使用氢火焰离子化检测器时检测器温度通常高于 120℃ 才能点火，这样做是为了防止氢气燃烧生成的水在检测器凝结从而影响检测器寿命。

（3）使用毛细管色谱柱进样量一定要少，通常不能高于 0.5μL。

（4）新色谱柱使用前必须老化，否则程序升温时基线不稳。

（5）净化气体的变色硅胶和分子筛每隔一定时间需要烘一次，以保证气体的纯度，延长空压机的寿命。

（6）空压机每隔一定时间需要放水。

（7）开电脑前数据采集装置必须是关的。

（8）二硫化碳具有高毒性和易挥发性，使用时要防爆和防止中毒。

实验六　空气中臭氧的测定（紫外光度法）

一、实验目的

（1）掌握紫外光度法测定空气中臭氧的分析方法；
（2）了解臭氧分析仪的基本结构及操作步骤；
（3）掌握仪器的校准方法。

二、实验原理

当样品空气以恒定的流速通过除湿器和颗粒物过滤器进入仪器的气路系统时分成两路，一路为样品空气，一路通过选择性臭氧洗涤器成为零空气，样品空气和零空气在电磁阀的控制下交替进入样品吸收池（或分别进入样品吸收池和参比池），臭氧对253.7nm波长的紫外光有特征吸收。设零空气通过吸收池时检测的光强度为I_0，样品空气通过吸收池时检测的光强度为I，则I/I_0为透光率。

仪器的微处理系统根据朗伯-比尔定律公式，由透光率计算臭氧浓度。

$$\ln(I/I_0) = -a\rho d$$

式中　I/I_0——样品的透光率，即样品空气和零空气的光强度之比；
ρ——采样温度压力条件下臭氧的质量浓度，$\mu g/m^3$；
d——吸收池的光程，m；
a——臭氧在253.7nm处的吸收系数，$a=1.44\times10^{-5}m^2/\mu g$。

零空气（zero air）：指不含臭氧、氮氧化物、碳氢化合物及任何能使臭氧分析仪产生紫外吸收的其他物质的空气。

三、仪器和设备

（一）环境臭氧分析仪

环境臭氧分析仪主要由以下几部分组成。典型的紫外光度臭氧测量系统组成见图3-2。

（1）紫外吸收池。紫外吸收池应由不与臭氧起化学反应的惰性材料制成，并具有良好的机械稳定性，以致光学校准不受环境温度变化的影响。吸收池温度控制精度为±0.5℃，吸收池中样品空气压力控制精度为±0.2kPa。

（2）紫外光源灯。例如低压汞灯，其发射的紫外单色光集中在253.7nm，而185nm的光（照射氧产生臭氧）通过石英窗屏蔽去除。光源灯发出的紫外辐射应足够稳定，能够满足分析要求。

（3）紫外检测器。能定量接收波长253.7nm处辐射的99.5%。其电子组件和传感器的响应稳定，满足分析要求。

（4）带旁路阀的涤气器。其活性组分能在环境空气样品流中选择性地去除臭氧。

（5）采样泵。采样泵安装在气路的末端（见图3-2），抽吸空气流过臭氧分析仪，能保持流量在1~2L/min。

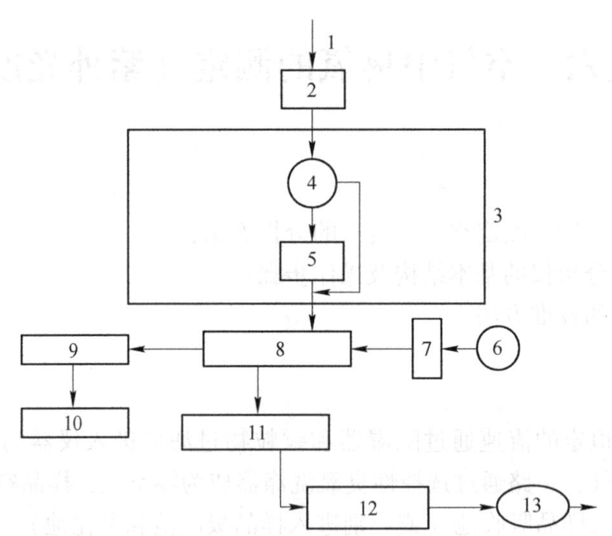

图 3-2 典型的紫外光度臭氧测量系统示意图

1—空气输入；2—颗粒物过滤器与除湿器；3—环境臭氧分析仪；4—旁路阀；5—涤气器；6—紫外灯光源；7—光学镜片；8—UV 吸收池；9—UV 检测器；10—信号处理器；11—空气流量计；12—流量控制器；13—泵

（6）流量控制器。紧接在采样泵的前面，可适当调节流过臭氧分析仪的空气流量。

（7）空气流量计。安装在紫外吸收池的后面（见图 3-2），流量范围为 1～2L/min。

（8）温度指示器。能测量紫外吸收池中样品空气的温度，准确度为±0.5℃。

（9）压力指示器。能测量紫外吸收池内的样品空气的压力，准确度为±0.2kPa。

（二）校准用主要设备

（1）紫外校准光度计（UV Calibration Photometer）。紫外校准光度计的构造和原理与环境臭氧分析仪相似，其准确度优于±0.5%，重复性相对偏差小于±1%。但没有内置去除臭氧的涤气器。因此提供给校准仪的零空气必须与臭氧发生器的零空气为同一来源。

注意：（1）该仪器用于校准臭氧的传递标准或环境臭氧分析仪，只允许使用洁净的经过除湿过滤的校准气体，不得用于测定环境空气。该仪器应每年用臭氧标准参考光度计（SRP）比对或校准一次。

（2）有的紫外校准光度计内置零气源、臭氧发生器和准确的流量稀释装置。

（三）传递标准

可根据实验室条件，选择下列传递标准之一作为校准环境臭氧分析仪的工作标准。

（1）紫外臭氧分析仪：构造与环境臭氧分析仪相同。但作为臭氧传递标准使用时，不可同时用于测定环境空气。

（2）输出多支管：输出管线的材质应采用不与臭氧发生化学反应的惰性材料，如硅硼玻璃、聚四氟乙烯等。为保证管线内外的压力相同，管线应有足够的直径和排气口。为防止空气倒流，排气口在不使用时应封闭。

（3）带配气装置的臭氧发生器：与零气源连接后，能够产生稳定的接近系统上限浓度的臭氧（0.5μmol/mol 或 1.0μmol/mol），能够准确控制进入臭氧发生器的零空气的流量，至少可以对发生的初始臭氧浓度进行 4 级稀释，发生的臭氧浓度用紫外校准光度计或经过上一级溯源的紫外臭氧分析仪测量。该仪器用于对环境臭氧分析仪进行多点校准和单点校准。

典型的紫外光度计校准系统示意图见图 3-3。

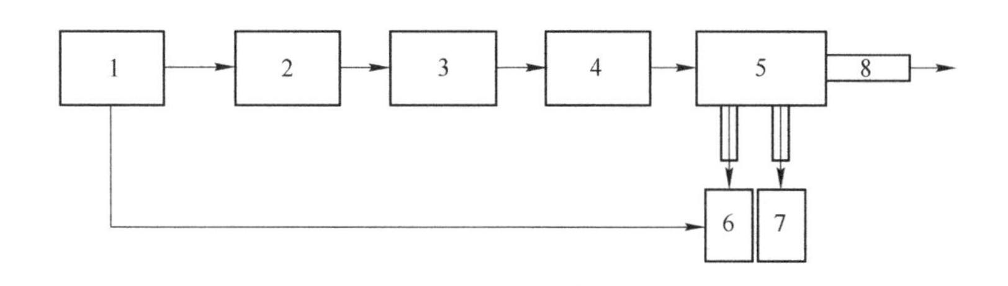

图 3-3　典型的臭氧校准系统气路示意

1—零空气；2—流量控制器；3—流量计；4—臭氧发生器；5—输出多支管；6—紫外校准光度仪接口；7—环境臭氧分析仪或其他传递标准接口；8—排气口

四、分析步骤

（一）用紫外校准光度计校准臭氧发生器类型的传递标准

按图 3-3 连接零空气、臭氧发生器和紫外校准光度计，调节进入臭氧发生器的零空气流量使产生不同浓度的臭氧，用紫外校准光度计测量其质量浓度值。输入到输出多支管的空气流量应超过仪器需要总量的 20%，并适当超过排气口的大气压力。严格按仪器说明书操作各仪器，待仪器充分预热后，运行下列校准步骤：

（1）零点调整。引导零空气进入输出多支管，直至获得稳定的响应值（零空气需稳定输出 15min）。必要时，调节臭氧发生器的零点电位器使读数等于零或进行零补偿。记录紫外校准光度计的输出值（I_0）。

（2）跨度调节。调节臭氧发生器，使产生所需要的最高摩尔分数的臭氧（0. 5μmol/mol 或 1. 0μmol/mol），稳定后，记录紫外校准光度计的输出值（I）。按下式计算相应的臭氧浓度。必要时，调节臭氧发生器的跨度电位器，使其指示的输出读数接近或等于计算的浓度值。如果跨度调节和零点调节相互关联，则应重复步骤（1）~（2），再检查零点和跨度，直至不做任何调节，仪器的响应值均符合要求为止。

使用紫外校准光度计的测量参数，按下式计算标准状态下（273. 15K，101. 325kPa）输出多支管中臭氧的质量浓度：

$$\rho_0 = \frac{101.25}{P} \times \frac{T + 273.15}{273.15} \times \frac{-\ln(I/I_0)}{1.44 \times 10^{-5}} \times \frac{1}{d}$$

式中　ρ_0——标准状态下臭氧的质量浓度，μg/m^3；

d——紫外臭氧校准光度计吸收池的光程，m；

I/I_0——含臭氧空气的透光率，即样气和零空气的光强比；

1.44×10^{-5}——臭氧在 253. 7nm 处的吸收系数，m^2/ug；

P——光度计吸收池压力，kPa；

T——光度计吸收池温度，℃。

注意：有的紫外臭氧校准仪直接输出臭氧的浓度值，可省略上述计算步骤。

(3) 多点校准。调节进入臭氧发生器的零空气流量，在仪器的满量程范围内，至少发生4个浓度点的臭氧（不包括零浓度点和满量程点），对每个浓度点分别测定、记录并计算其稳定的输出值（ρ_i）。以紫外校准光度计的输出值对应臭氧浓度的稀释率绘图。按下式计算多点校准的线性误差：

$$E_i = \frac{\rho_0 - \rho_i/R}{A_0} \times 100\%$$

式中 E_i——各浓度点的线性误差，%；

ρ_0——初始臭氧质量浓度或摩尔分数，mg/m^3或 μmol/mol；

ρ_i——稀释后测定的臭氧质量浓度或摩尔分数，mg/m^3或 μmol/mol；

R——稀释率，等于初始浓度流量除以总流量。

注意1：为评估校准的精密度重复该校准步骤。

注意2：各浓度点的线性误差必须小于，否则，检查流量稀释的准确度。

（二）用紫外校准光度计校准臭氧分析仪类型的传递标准

按图3-3连接零空气、臭氧发生器、紫外校准光度计和紫外臭氧分析仪，进行零点调节、跨度调节和多点校准，并分别记录、计算紫外校准光度计的输出值和臭氧分析仪的响应值。以紫外校准光度计的测量值对应臭氧分析仪的响应值绘制校准曲线。校准曲线的斜率应在0.97~1.03之间，截距应小于满量程的±1%，相关系数应大于0.999。

（三）用传递标准校准环境臭氧分析仪

按图3-3连接零空气、臭氧发生器、环境臭氧分析仪和经过上一级溯源的紫外臭氧分析仪或其他传递标准，按以上相同的步骤，进行零点调节、跨度调节和多点校准，并分别记录环境臭氧分析仪的输出值。以传递标准的参考值对应臭氧分析仪的响应值绘制校准曲线。校准曲线的斜率应在0.95~1.05之间，截距应小于满量程的±1%，相关系数应大于0.999。

（四）环境空气中臭氧的测定

在有温度控制的实验室安装臭氧分析仪，以减少任何温度变化对仪器的影响；按生产厂家的操作说明正确设置各种参数，包括UV光源灯的灵敏度、采样流速；激活电子温度和压力补偿功能等；向仪器中导入零空气和样气，检查零点和跨度，用合适的记录装置记录臭氧浓度。

五、结果计算

大多数臭氧分析仪能够测量吸收池内样品空气的温度和压力，并根据测得的数据，自动将采样状态下臭氧的质量浓度换算为标准状态下的质量浓度。否则，须按下式计算：

$$\rho_0 = \rho \times \frac{101.325}{P} \times \frac{t + 273.15}{273.15}$$

式中 ρ_0——标准状态下臭氧的质量浓度，mg/m^3；

ρ——仪器读数，采样温度、压力条件下臭氧的质量浓度，mg/m^3；

P——光度计吸收池压力，kPa；

t——光度计吸收池温度，℃。

实验七　空气中一氧化碳的测定

方法一　非分散红外法

一、实验目的

(1) 掌握紫外光度法测定空气中臭氧的分析方法；
(2) 了解臭氧分析仪的基本结构及操作步骤；
(3) 掌握仪器的校准方法。

二、实验原理

一氧化碳对非分散红外线具有选择性的吸收。在一定范围内，吸收值与一氧化碳浓度呈线性关系。根据吸收值确定样品中一氧化碳的浓度。

样品气体进入仪器，在前吸收室吸收 4.67μm 谱线中心的红外辐射能量，在后吸收室吸收其他辐射能量，两室因吸收能量不同，破坏了原吸收室内气体受热产生相同振幅的升压脉冲，变化后的压力脉冲通过毛细管加在差动式薄膜微音器上，被转化为电容的变化，通过放大器再转变为浓度成比例的直流测量值。

三、试剂和材料

(1) 变色硅胶：于 120℃下干燥 2h。
(2) 无水氯钙：分析纯。
(3) 高纯氮气：纯度 99.99%。
(4) 霍加拉特 (Hopcalite) 氧化剂：10~20 目 (10 目 = 1651μm，20 目 = 833μm) 颗粒。霍加拉特氧化剂主要成分为氧化锰 (MnO) 和氧化铜 (CuO)，它的作用是将空气中的一氧化碳氧化成二氧化碳，用于仪器调零。此氧化剂在 100℃以下的氧化效率应达到 100%。为保证其氧化效率，在使用存放过程中应保持干燥。
(5) 一氧化碳标准气体：贮于铝合金瓶中。

四、仪器和设备

(1) 一氧化碳非分散红外线气体分析仪。
仪器主要性能指标如下：
测量范围：$0\sim30\times10^{-6}$；$0\sim100\times10^{-6}$两挡；
重现性：≤0.5% (满刻度)；
零点漂移：≤±2%满刻度/4h；
跨度漂移：≤±2%满刻度/4h；
线性偏差：≤±1.5%满刻度；
启动时间：30min~1h；
抽气流量：0.5L/min 左右；

响应时间：指针指示或数字显示到满刻的 90%<15S。

（2）记录仪 0~10mV。

（3）采样：用聚乙烯薄膜采气袋，抽取现场空气冲洗 3~4 次，采气 0.5L 或 1.0L，密封进气口，带回实验室分析。也可以将仪器带到现场间歇进样，或连续测定空气中的一氧化碳浓度。

五、分析步骤

（一）仪器的启动和校准

（1）启动的零点校准：仪器接通电源稳定 30min~1h 后，用高纯氮气或空气经霍加拉特氧化管和干燥管进入仪器进气口，进行零点校准。

（2）终点校准：用一氧化碳标准气（如 30×10^{-6}）进入仪器进样口，进行终点刻度校准。

（3）零点与终点校准重复 2~3 次，使仪器处于正常工作状态。

（二）样品测定

将空气样品的聚乙烯薄采气袋接在装有变色硅胶或无水氯化钙的过滤器和仪器的进气口相连接，样品被自动抽到气室中，表头指出一氧化碳的浓度（10^{-6}）。如果仪器带到现场使用，可直接测定现场空气中一氧化碳的浓度。仪器接上记录仪表，可长期监测空气中的一氧化碳浓度。

六、结果计算

一氧化碳体积浓度（10^{-6}），可按下列公式换算成标准状态下质量浓度 mg/m^3。

$$c = 1.25 \times n$$

式中　c——样品气体中一氧化碳浓度，mg/m^3；

n——仪器指示的一氧化碳格数；

1.25——一氧化碳换算成标准状态下的 mg/m^{3}换算系数。

七、干扰和排除

环境空气中非待测组分，如甲烷，二氧化碳，水蒸气等能影响测定结果。但是采用串联式红外线检测器，可以大部分消除以上非待测组分的干扰。

方法二　气相色谱法

一、实验原理

一氧化碳在色谱柱中与空气的其他成分完全分离后，进入转化炉，在 360℃镍触媒催化作用下，与氢气反应，生成甲烷，用氢火焰离子化检测器测定。$CO+3H_2$在 360℃高温下用 Ni 催化生成 CH_4+H_2O。

二、实验试剂

（1）碳分子筛：TDX-01 60~80 目（60 目=245μm，80 目=198μm），作为寄存定相。

（2）纯空气：不含一氧化碳或氧化碳含量低于本方法检出下限。

（3）镍触媒：30～40 目（30 目＝550μm，40 目＝350μm），当 CO<180mg/m³，CO_2<0.4%时，转化率>95%。

（4）一氧化碳标准气：一氧化碳含量（10～40）$\times10^{-6}$（铝合金钢瓶装）以氮气为本底气。

三、仪器与设备

（1）气相色谱仪：配备氢火焰离子化检测器的气相色谱仪。

（2）转化炉；可控温 360±1℃。

（3）注射器：2mL，5mL，10mL，100mL，体积误差<±1%。

（4）兼铝箔复合膜采样袋：容积 400～600mL。

（5）色谱柱：长 2m 内径 2mm 不锈钢管内填充 TDX-01 碳分子筛，柱管两端填充玻璃棉。新装的色谱柱在使用前，应在柱温 150℃，检温器温度 180℃，通氢气 60mL/min 条件下，老化处理 10h。

（6）转化柱：长 15cm、内径 4mm 不锈钢管内，填充镍触媒（30～40 目），柱管两端塞玻璃棉。转化柱装在转化炉内，一端与色谱柱连通，另一端与检测器相连。使用前，转化柱应在炉温 36℃，通氢气 60mL/min 条件下，活化 10h。转化柱与色谱柱老化同步进行。当 CO<180mg/m³ 时，转化率>95%。

四、采样

用橡胶二连球，将现场空气打入采样袋内，使之胀满后放掉。如此反复四次，最后一次打满后，密封进样口，并写上标签，注明采样地点和时间等。

五、分析步骤

（一）色谱分析条件

由于色谱分析条件常因实施条件不同而有差异，所以应根据所用气象色谱仪的型号和性能，制定能分析一氧化碳的最佳的色谱分析条件。附录所列举色谱分析条件上一个实例。

（二）绘制标准曲线和测定校正因子

在作样品分析时的相同条件下，绘制标准线或测定校正因子。

（1）配置标准气

在 5 支 100mL 注射器中，用纯空气将已知浓度的一氧化碳标准气体，稀释成 0.4～40×10^{-6}（0.5～50mg/m³）范围的 4 个浓度点的气体。另取纯空气作为零浓度气体。

（2）绘制标准曲线

每个浓度的标准气体，分别通过色谱仪的流通进样阀，量取 1mL 进样，得到各浓度的色谱峰和保留时间。每个浓度作三次，测量色谱峰高的平均值。以峰高（mm）作纵坐标，浓度（10^{-6}）为横坐标，绘制标准曲线，并计算中心回归的斜率，以斜率倒数 B_g(10^{-6}/mm)作样品测定的计算因子。

（3）测定校正因子

用单点校正法求校正因子。取与样品空气中含一氧化碳浓度相接近的标准气体。按五、2项操作，测量色谱的平均峰高（cm）和保留时间。用公式计算校正因子（f）：

$$f = h/C$$

式中 f——校正因子，ppm/mm；

C——标准气体浓度，ppm；

h——平均峰高，mm。

（三）样品分析

通过色谱仪六通进样阀，进样品空气1mL，按五、2（2）项操作，以保留时间定性，测量一氧化碳的峰高。每个样品作三次分析，求峰高的平均值。并记录分析时的气温和大气压力。高浓度样品，应用清洁空气稀释至小于40ppm（50mg/m^3），再分析。

六、结果计算

（1）用标准曲线法查标准曲线定量，或用下式计算空气中一氧化碳浓度。

$$C = h \times B_g$$

式中 C——样品空气中一氧化碳浓度，10^{-6}；

h——峰高，mm；

B_g——2. 2项得到的计算因子，10^{-6}/mm。

（2）用校正因子计算浓度：

$$C = h \times f$$

式中 C——样品空气中一氧化碳浓度，10^{-6}；

h——平均峰高，mm；

f——由前面得到的校正因子，10^{-6}/mm。

（3）一氧化碳体积浓度10^{-6}可按下式换算成标准状态下的质量浓度mg/m^3；

$$\text{mg/m}^3 = 10^{-6}/B \times 28$$

式中 B——标准状态下的气体摩尔体积。当0℃（101kPa）时，$B = 22.41$；当25℃（101kPa）时，$B = 24.46$；

28——一氧化碳分子量。

七、测量范围、精密度和准确度

（一）测定范围

进样1mL时，测定浓度范围是0. 50~50. 0mg/m^3。

（二）检出下限

进样1mL时，最低检出浓度为0. 50mg/m^3。

（三）干扰和排除

由于采用了气相色谱分离技术，空气、甲烷、二氧化碳及其他有机物均不干扰测定。

（四）重现性

一氧化碳浓度在6mg/m^3。10次进样分析，变异系数为2%。

（五）回收率

一氧化碳浓度在 3～25mg/m^3 时，回收率为 94%～104%。

附录

气相色谱法分析空气中一氧化碳的实例
色谱分析条件：
色谱柱温度——78℃；
转化柱温度——360℃；
载气——H_2，78mL/min；
氮气——130mL/min；
空气——750mL/min；
记录仪——满量程 10mA，流速 5mm/min；
静电放大器——高阻 10；
进样量——用六通进样阀进样 1mL。

土壤质量监测实验

实验一　土壤水分的测定（烘干法）

一、测定目的

测定土壤水分是为了了解土壤水分状况，以作为土壤水分管理，确定灌溉定额的依据。在分析工作中，由于分析结果一般是以烘干土为基础表示的，也需要测定湿土或风干土的水分含量，以便进行分析结果的换算。

二、测定方法

土壤水分的测定方法很多，实验室一般采用酒精烘烤法、酒精烧失法和烘干法；野外则可采用简易的排水称重法（定容称量法）。样品的长期监测可采用中子仪测定。

烘干法：

（1）适用范围：用于测定除石膏性土壤和有机土（含有机质20%以上的土壤）以外的各类土壤的水分含量。

（2）方法原理：将土样置于105℃±2℃的烘箱中烘至恒重，即可使其所含水分（包括吸湿水）全部蒸发殆尽以此求算土壤水分含量。在此温度下，有机质一般不致大量分解损失影响测定结果。

三、仪器设备

（1）土壤筛：孔径1mm。
（2）铝盒：小型直径约40mm，高约20mm。
（3）分析天平：感量为0.001g和0.01g。
（4）小型电热恒温烘箱。
（5）干燥器：内盛无水氯化钙。

四、试样的选取和制备

风干土样：选取有代表性的风干土壤样品，压碎，通过1mm筛，混合均匀后备用。

五、测定步骤

风干土样水分的测定：取小型铝盒（记号笔做好标记）在105℃恒温箱中烘烤约2h，移入干燥器内冷却至室温，称重，准确至0.001g（m_0）。加风干土样约5g于铝盒中称重（m_1）。将铝盒盖揭开，放在盒底下，置于已预热至105±2℃的烘箱中烘烤6h。取出，盖好，移入干燥器内冷却至室温（约需 20min），立即称重（m_2）。风干土样水分的测定一组 4 个平行。

注意：烘烤规定时间后 1 次称重，即达“恒重”。

必要时，再烘 1h，取出冷却后称重，两次称重之差不得超过 0.05g，取最低一次计算。

质地较轻的土壤，烘烤时间可以缩短，即 5~6h。

六、结果计算

$$水分(分析基),\% = \frac{m_1 - m_2}{m_1 - m_0} \times 100$$

$$水分(干基),\% = \frac{m_1 - m_2}{m_2 - m_0} \times 100$$

式中　m_0——烘干空铝盒质量，g；

m_1——烘干前铝盒及土样质量，g；

m_2——烘干后铝盒及土样质量，g。

七、注意事项

（1）土壤分析一般以烘干土计重，但分析时又以湿土或风干土称重，故需进行换算，计算公式为：应称取的湿土或风干土样重=所需烘干土样重×（1+水分%）。

（2）平行测定的结果用算术平均值表示，保留小数后一位。

（3）平行测定结果的相差，水分小于 5%的风干土样不得超过 0.2%，水分为 5%~25%的潮湿土样不得超过 0.3%，水分大于 15%的大粒（粒径约 10mm）粘重潮湿土样不得超过 0.7%（相当于相对相差不大于 5%）。

实验二 土壤 pH 值的测定（电位法）

一、测定目的

pH 值的化学定义是溶液中 H^+离子活度的负对数。土壤 pH 值是土壤酸碱度的强度指标，是土壤的基本性质和肥力的重要影响因素之一。它直接影响土壤养分的存在状态、转化和有效性，从而影响植物的生长发育。土壤 pH 值易于测定，常用作土壤分类、利用、管理和改良的重要参考。同时在土壤理化分析中，土壤 pH 与很多项目的分析方法和分析结果有密切关系，因而是审查其他项目结果的一个依据。

二、方法原理

土壤 pH 值分水浸 pH 值和盐浸 pH 值，前者是用蒸馏水浸提土壤测定的 pH 值，代表土壤的活性酸度（碱度），后者是用某种盐溶液浸提测定的 pH 值，大体上反映土壤的潜在酸。盐浸提液常用 1mol/L KCl 溶液或用 0.5mol/L $CaCl_2$溶液，在浸提土壤时，其中的 K^+或 Ca^{2+}即与胶体表面吸附的 Al^{3+}和 H^+发生交换，使其相当部分被交换进入溶液，故盐浸 pH 值较水浸 pH 值低。

土壤 pH 值的测定方法包括比色法和电位法。电位法的精确度较高。pH 误差约为 0.02 单位，现已成为室内测定的常规方法。野外速测常用混合指示剂比色法，其精确度较差，pH 值误差在 0.5 左右。

用 pH 计测定土壤悬浊液 pH 值时，常用玻璃电极为指示电极，甘汞电极为参比电极。此二电极插入土壤悬浊液时构成一电池反应，其间产生一电位差，因参比电极的电位是固定的，故此电位差之大小取决于待测液的 H^+离子活度，氢离子活度的负对数即为 pH 值，可在 pH 计上直接读出 pH 值。

三、仪器及设备

pH 计。

四、试剂配制

标准缓冲溶液：

（1）pH 4.01 标准缓冲溶液：10.21g 在 105℃烘过的苯二甲酸氢钾（$KHC_8H_4O_4$，分析纯），用蒸馏水溶解后定容至 1L。

（2）pH 6.86 标准缓冲溶液：3.39g 在 50℃烘过的磷酸二氢钾（KH_2PO_4，分析纯）和 3.53g 无水磷酸氢二钠（Na_2HPO_4，分析纯），溶解于蒸馏水中后定容至 1L。

（3）pH 9.18 标准缓冲溶液：3.80g 硼砂（$Na_2B_4O_7 \cdot 10H_2O$，分析纯）溶于无二氧化碳的冷水中，定容至 1L。此溶液的 pH 值易于变化，应注意保存。

五、操作步骤

（一）待测液的制备

称取通过 2mm 筛孔的风干土壤 10.00g 于 50mL 高型烧杯中，加入 25mL 无二氧化碳的水或氯化钙溶液［中性、石灰性或碱性土测定用］（本实验用水）。用玻璃棒剧烈搅动 1~2min，静置 30min，此时应避免空气中氨或挥发性酸气体等的影响，然后用 pH 计测定。

（二）仪器校正

把电极插入与土壤浸提液 pH 值接近的缓冲溶液中，使标准溶液的 pH 值与仪器标度上的 pH 值相一致。然后移出电极，用水冲洗、滤纸吸干后插入另一标准缓冲液中，检查仪器的读数。最后移出电极、用水冲洗、滤纸吸干后待用。

（三）测定

把电极插入土液中，待读数稳定后，记录待测液 pH 值。每个样品测完后，立即用水冲洗电极，并用干滤纸将水吸干再测定下一个样品。

六、结果计算

一般的 pH 计可直接读出 pH 值，不需要换算。

允许偏差：两次称样平行测定结果的允许差为 0.1pH；室内严格掌握测定条件和方法时，精密 pH 计允许差可降至 0.02pH。

七、注意事项

（一）pH 计的使用

参照仪器说明书。

（二）酸性土壤（包括潜性酸）的 pH 值的测定

可用氯化钾溶液［$c(KCl) = 1.0mol/L$］代替无二氧化碳蒸馏水，其他操作步骤均与水浸提液相同。

（三）测定时注意事项

（1）土壤不要磨得过细，以通过 2mm 孔径筛为宜。样品不立即测定时，最好贮存于有磨口的瓶中，以免受大气中氨和其他挥发气体的影响。

（2）加水或氯化钙后的平衡时间对测得的土壤 pH 值是有影响的，且随土壤类型而异。平衡快者，1min 即达平衡；慢者可长达 1h。一般来说，平衡 30min 是合适的。

实验三 土壤样品中铜、锌、铅的测定（AAS法）

一、实验目的

（1）了解原子吸收分光光度法原理；

（2）掌握土壤样品的消化及分析方法。

二、实验原理

采用湿法消化对土壤样品进行预处理，之后采用原子吸收分光光度法测定各元素含量。原子吸收分光光度法也称原子吸收光谱法，英文缩写AAS，简称原子吸收法。它是将样品中的待测元素高温原子化后，处于基态的原子吸收光源辐射出的特征光谱线，使原子外层电子产生跃迁，从而产生光谱吸收，并由此测定该元素含量的方法。

三、实验条件

（一）仪器设备

（1）原子吸收分光光度计。

（2）铜、锌、铅、镉空心阴极灯。

（3）无油气体压缩机。

（4）乙炔钢瓶。

（5）锥形瓶、移液管、容量瓶等玻璃仪器。

（二）试剂

本标准所使用的试剂除另有说明外，均使用符合国家标准的分析纯试剂和去离子水或同等纯度的水。

（1）盐酸（HCl）：ρ=1.19g/mL，优级纯。

（2）硝酸（HNO_3）：ρ=1.42g/mL，优级纯。

（3）硝酸溶液，1+1：用（2）配制。

（4）硝酸溶液，体积分数为0.2%：用2配制。

（5）氢氟酸（HF）：ρ=1.49g/mL。

（6）高氯酸（$HClO_4$）：ρ=1.68gmL，优级纯。

（7）硝酸镧（$La(NO_3)_3 \cdot 6H_2O$）水溶液，质量分数为5%。

（8）铜标准储备液，1.000mg/mL：称取1.0000g（精确至0.0002g）光谱纯金属铜于50mL烧杯中，加入硝酸溶液（3）20mL，温热，待完全溶解后，转至1000mL容量瓶中，用水定容至标线，摇匀。

（9）锌标准储备液，1.000mg/mL：称取1.0000g（精确至0.0002g）光谱纯金属锌粒于50mL烧杯中，用20mL硝酸溶液（3）溶解后，转移至1000mL容量瓶中，用水定容至标线，摇匀。

（10）铅标准贮备液：称取110℃烘干2h的硝酸铅（GR）1.599g溶于水中，加入10mL浓硝酸后定容至1000mL，此溶液含铅1.00mg/mL。

（11）铜、锌、铅混合标准使用液，铜20.0mg/L，锌10.0mg/L，铅50.0mg/L：用硝酸溶液（4）逐级稀释铜、锌、铅标准储备液（8）、（9）、（10）配制。

四、实验步骤

（一）试液的制备

准确称取0.2~0.5g（精确至0.0002g）试样于50mL聚四氟乙烯坩埚中，用水润湿后加入10mL盐酸（1），于通风橱内的电热板上低温加热，使样品初步分解，待蒸发至约剩3mL左右时，取下稍冷，然后加入5mL硝酸（2），5mL氢氟酸（5），3mL高氯酸（6），加盖后于电热板上中温加热。1h后，开盖，继续加热除硅，为了达到良好的飞硅效果，应经常摇动坩埚。当加热至冒浓厚白烟时，加盖，使黑色有机碳化物分解。待坩埚壁上的黑色有机物消失后，开盖驱赶高氯酸白烟并蒸至内容物呈黏稠状。视消解情况可再加入3mL硝酸（2），3mL氢氟酸（5）和1mL高氯酸（6），重复上述消解过程。当白烟再次基本冒尽且坩埚内容物呈黏稠状时，取下稍冷，用水冲洗坩埚盖和内壁，并加入1mL硝酸溶液（3）温热溶解残渣。然后将溶液转移至50mL容量瓶中，加入5mL硝酸镧溶液（7），冷却后定容至标线摇匀，备测。

由于土壤种类较多，所含有机质差异较大，在消解时，要注意观察，各种酸的用量可视消解情况酌情增减。土壤消解液应呈白色或淡黄色（含铁量高的土壤），没有明显沉淀物存在。

注意：电热板温度不宜太高，否则会使聚四氟乙烯坩埚变形。

（二）测定

按照仪器使用说明书调节仪器至最佳工作条件，测定试液的吸光度。

（三）空白试验

用去离子水代替试样，采用和（一）相同的步骤和试剂，制备全程序空白溶液。并按步骤（二）进行测定。每批样品至少制备2个以上的空白溶液。

（四）标准曲线的绘制

按表4-1，在50mL容量瓶中，各加入5mL硝酸镧溶液（7），用硝酸溶液（4）稀释混合标准使用液（10），配制至少5个标准工作溶液，其浓度范围应包括试液中铜、锌、铅的浓度。按步骤（二）中的条件由低到高浓度测定其吸光度。

用减去空白的吸光度与相对应的元素含量（mg/L）绘制校准曲线，见表4-1。

表4-1　标准曲线溶液浓度

混合标准使用液加入体积/mL	0.00	0.50	1.00	2.00	3.00	5.00
校准曲线溶液浓度 Cu/mg·L^{-1}	0.00	0.20	0.40	0.80	1.20	2.00
校准曲线溶液浓度 Zn/mg·L^{-1}	0.00	0.10	0.20	0.40	0.60	1.00
校准曲线溶液浓度 Pb/mg·L^{-1}	0.00	0.50	1.00	2.00	3.00	5.00

（五）结果的表示

土壤样品中铜、锌、铅的含量W[Cu(Zn、Pb)，mg/kg]按下式计算：

$$W = \frac{c \cdot V}{m(1 - f)}$$

式中　c——试液的吸光度减去空白试验的吸光度，然后在校准曲线上查得铜、锌的含量，mg/L；

V——试液定容的体积，mL；

m——称取试样的重量，g；

f——试样的水分含量，%。

五、思考题

原子吸收分析方法的基本原理是什么？哪些因素影响分析结果？

实验四　土壤中汞的测定（原子荧光法）

一、实验目的

（1）了解原子荧光光谱法原理；

（2）掌握土壤样品的消化及分析方法。

二、实验组织运行要求

根据本实验的特点、要求和具体条件，采用分组实验的方法，每组三位学生，便于学生互相讨论和监督。

三、实验原理

基态汞原子在波长为235.7nm的紫外光激发而产生共振荧光，在一定的测量条件下和较低浓度范围内，荧光浓度与汞浓度成正比。

样品用硝酸-盐酸混合试剂在沸水浴中加热消解，使所含汞全部以二价汞的形式进入到溶液中，再用硼氢化钾将二价汞还原成单质汞，形成汞蒸气，在载气带动下导入仪器的荧光池中，测定荧光峰值，求得样品中汞的含量。

四、实验条件

（一）仪器

（1）原子荧光光谱仪。

（2）氩气或高纯氮气瓶。

（二）试剂

（1）汞标准储备溶液：称取在硅胶干燥器中放置过夜的0.1354g氯化汞（$HgCl_2$，优级纯），用保存液溶解后，转移到1000mL容量瓶中，再用保存液稀释至标线，摇匀。此溶液含汞100μg/mL。

（2）汞标准中间溶液：吸取汞标准储备溶液10.00mL，移入1000mL容量瓶中，加保存液稀释至标线，摇匀。此溶液含汞1.00mg/mL。

（3）汞标准操作液：吸取汞标准中间溶液20.00mL注入1000mL容量瓶中，加保存液稀释至标线，摇匀。此溶液每毫升含汞20.00ng/mL。现用现配。

（4）保存液：称取0.5g重铬酸钾（GR），用少量水溶解，加硝酸（GR）50mL，用水稀释1000mL，混匀。

（5）（1+1）王水：取3份盐酸与1份硝酸混合，然后用去离子水稀释1倍。

（6）还原剂：0.01%硼氢化钾（KBH）+0.2%氢氧化钾（KOH）溶液：称取0.2g氢氧化钾放入烧杯中，用少量去离子水溶解，称取0.01g硼氢化钾放入氢氧化钾溶液中，用去离子水稀释至100mL。

（7）稀释液：将0.2g重铬酸钾（GR）溶于900mL水，加入28mL硫酸（GR），再用水稀释至1000mL。

五、实验步骤

（1）试样制备：称取经风干、粉碎过筛（100目）的样品0.2~2.0g置于50mL具塞比色管中，加（1+1）王水10mL，加塞后充分摇匀，于沸水浴中加热消解2h。取出冷却，立即加10mL保存液，用稀释液稀释至标线，摇匀。取上清液待测。

按同样的操作手续制备两份试剂空白溶液，以供样品试液的空白校正。

（2）校准曲线：取50mL容量瓶7个，准确吸取汞标准操作液（20.0ng/mL）0mL、0.50mL、1.00mL、2.00mL、3.00mL、5.00mL和10.00mL置于容量瓶中，每个容量瓶中加入适量保存液，补足至10mL，用稀释液稀释至标线，摇匀。按以下样品测定的步骤逐一进行测量。

以经过空白校正的各测量值，对相应标准溶液的含汞量绘制校准曲线。

（3）样品测定：按说明书要求调试好原子荧光光谱仪测量条件，以5%硝酸为载流，0.01%硼氢化钾+0.2%氢氧化钾溶液为还原剂，把样品吸入原子化器中进行原子化，分别测量记录各个样品的荧光强度。

（4）结果计算

土壤汞含量按下式计算：

$$汞(mg/kg) = c \times V/(W \times 1000)$$

式中 c——从校准曲线上查得汞的含量，ng/mL；

V——试样消解后定容体积，mL；

W——试样重量，g。

注意事项：

1）干扰及其消除

激发态汞原子与某些原子或化合物（如氧、氮和二氧化碳等）碰撞发生能量传递而产生“荧光淬灭”，故用惰性气体氩气或高纯氮作为载气通入荧光池中，以帮助改善测试的灵敏度和稳定性。操作时应注意避免空气和水蒸气进入荧光池。

能强烈吸收235.7nm汞线并发出荧光的物质如苯、甲苯、二甲苯等芳香族化合物，可产生严重的正干扰；在酸性介质中能与汞反应的物质如Au^{3+}、Pt^{3+}、Te^{4+}和Pd^{2+}等有严重的负干扰。对5ng汞，下列离子允许共存量为：0.5μg I^-，20μg Cr^{3+}，25μg Cd^{2+}，12.5μg As^{3+}，2.5μg SiO_3^{2-}，0.5μg Se^{4+}，1mg Mn^{2+}。

2）适用范围

本方法适用于一般土壤、岩石、底质中痕量汞的分析。

本方法最低检出量为0.04ng汞。若称取0.5g样品测定，则最低检出限为0.002mg/kg，测定上限可达0.4mg/kg。

3）操作中要注意检查全程序的试剂空白，发现试剂或器皿玷污，应重新处理，严格筛选，并妥善保管，防止交叉污染。

4）硝酸-盐酸混合试剂具有比单一酸更强的溶解能力，可有效地溶解硫化汞。此体系不仅由于它本身的氧化能力使样品中大量有机物得以分解，同时也能提取各种无机形式的汞。而盐酸存在的条件下，大量Cl^-与Hg^{2+}作用形成稳定的$[HgCl_2]^{2-}$配离子，可抑制汞的吸附和挥发。但应避免使用沸腾的王水处理样品，以防止汞以氯化物的形式挥发而损失。样品中含有较多的有机物时，可适当增大硝酸-盐酸混合试剂的浓度和用量。

5）由于环境因素的影响及仪器稳定性的限制，每批样品测定时须同时绘制校准曲线。若样品中汞含量太高，不能直接测量，应适当减少称样量，使试样含汞量保持在校准曲线的直线范围内。

6）样品消解完毕，通常加入保存液和稀释液稀释，以防止汞的损失。不过样品宜尽早测定为妥，一般情况下只允许保存2~3天。

六、思考题

原子荧光光谱仪仪器的响应值用什么表示？

实验五　土壤中砷的测定（氢化物原子荧光法）

一、实验目的

（1）了解原子荧光光谱法原理；
（2）掌握土壤样品的消化及分析方法。

二、实验组织运行要求

根据本实验的特点、要求和具体条件，采用分组实验的方法，每组三位学生，便于学生互相讨论和监督。

三、实验原理

将砷的酸性溶液置于氢化物发生器中，加入还原剂硼氢化钾发生氢化反应，砷被还原成砷化氢气体。用氩气作载气将砷化氢气体导入电热石英炉中进行原子化，受热的砷化氢解离成砷的气态原子。这些原子蒸气受到光源特征辐射线的照射而被激发，受激发原子去活化发射出一定波长的辐射-原子荧光，荧光信号到达监测器变为电信号，经电子放大器放大后由读数装置读出结果。产生的荧光强度与试样中被测元素含量成正比，可以从校准曲线查得被测元素的含量。

四、实验条件

1. 仪器及工作条件
（1）原子荧光光谱仪。
（2）砷双阴极空心阴极灯。
2. 试剂
（1）盐酸（优级纯）。
（2）硝酸（优级纯）。
（3）高氯酸（优级纯）。
（4）硫脲（优级纯）。
（5）砷标准储备溶液：称取三氧化二砷（在110℃烘2h）0.6600g于烧杯中，加入10%氢氧化钠溶液10mL加热溶解，移入500mL容量瓶中，并用水稀释至刻度，此溶液砷浓度为1.00mg/mL，临时用时用10%盐酸稀释成1.00μg/mL的砷操作液。
（6）1.5%硼氢化钾溶液：称取硼氢化钾1.5g溶于100mL 0.1%的氢氧化钾溶液中，用时现配。

五、实验步骤

（1）样品预处理：硝酸-高氯酸分解法。称取1.000g样品置于250mL三角烧瓶中，加入浓硝酸10mL、高氯酸2mL，摇匀，盖上表面皿，放置过夜。移到电热板上加热分解。当试样体积减小而发黑时，再补加硝酸2mL，继续加热，提高温度至200V，除去表面皿，蒸发除去全部高氯酸，残渣为灰白色。取下烧瓶稍冷，加入6mol/L盐酸4mL，加热至沸，用定量滤纸过滤入50mL容量瓶中，蒸馏水洗涤三角瓶及滤纸，加水定容，备测。

（2）校准曲线绘制：分别吸取砷标准操作液1.00μg/mL 0mL、0.50mL、1.00mL、1.50mL、2.00mL、3.00mL置于50mL比色管中，加入5mL盐酸和10%硫脲5mL充分摇匀。用水稀释至标线，放置20min。

（3）样品测定：吸取一定量消解液于50mL，比色管中，加入5mL盐酸和10%硫脲5mL充分摇匀。用水稀释至刻度，放置20min。以10%盐酸为载流，1.5%硼氢化钾+0.1%氢氧化钾为还原剂，用氩气作载气，将样品收入氢化物发生器中，然后将产生的砷化氢气体导入电热石英炉中进行原子化，按仪器测量条件逐一测定样品的荧光强度。将测得的荧光强度减去试剂空白的荧光强度后，从校准曲线上求出试液中砷的含量。

（4）结果计算

砷的含量按下式计算：

$$砷(mg/kg) = c \times V/(W \times 1000)$$

式中　c——从校准曲线上查得砷的含量，μg/mL；

V——试样消解后定容体积，mL；

W——试样重量，g。

（5）干扰及其消除

土壤中砷主要以As^{3+}和As^{5+}的无机砷形式存在。本方法采用硝酸-高氯酸体系分解，即能将土壤中有机物破坏，使砷能完全进入试液中，但土壤中大多数元素经分解后也能进入待测溶液中，Cu^{2+}、Co^{2+}、Ni^{2+}、Cr^{6+}、Au^{3+}、Hg^{2+}对测定有干扰，加入硫脲即可消除。

（6）适用范围

本方法适用于一般土壤、岩矿中砷的测定。方法检出限为0.011mg/kg。

注意事项：

1）用硝酸-高氯酸溶样过程中应注意加热温度，高氯酸冒烟温度不宜过高，大于200℃时试样中被测元素可能受高温而挥发，影响测定结果。

2）加入硫脲应充分摇匀使其溶解，因试样经高氯酸和硝酸分解后砷一般都以高价态存在，As^{5+}只部分被还原。而As必须还原成低价后才能有效地生成砷化氢，所以要加入盐酸和硫脲进行预还原。预还原受酸度影响较大，盐酸酸度选择在10%~20%。

3）样品消解完全，取下三角烧瓶稍冷后，用10%盐酸洗入50mL容量瓶定容澄清，分取部分溶液测定。

4）校准曲线浓度范围应根据仪器情况及样品中砷含量不同而选择合适条件。

六、思考题

除了采用原子荧光法测定土壤中砷，还可以采用何种方法，并说出每种方法的应用特点？

实验六　土壤中铀的测定

方法一　萃淋树脂分离分光光度法

一、实验目的

（1）了解土壤中铀的存在形式与状态；

（2）掌握萃淋树脂分离分光光度法测定土壤中的铀。

二、实验原理

试样经灼烧有机物后，用氢氟酸除硅，氢氧化钾和过氧化钠熔融后，用 1mol/L 硝酸浸出，铀（Ⅳ）以硝酸铀酰形式被 CL-5209 萃淋树脂所吸附，树脂上的铀再用混合络合剂解吸。当 pH 为 7.8 时，在水-丙酮介质中，铀（Ⅳ）与 2-(5-溴-2-吡啶偶氮)-5-二乙氨基苯酚（简称 Br-PADAP），氟离子形成稳定的紫红色络合物，在 578nm 处进行分光光度测定。

在测定 1μg 铀时：500mg 硫酸根，400mg 氯，100mL 钾、钠、高氯酸根，50mg 钙、镁、铜（Ⅰ）、汞（Ⅱ）、铁（Ⅲ）、铝、锌，40mg 钼（Ⅳ），20mg 磷酸根、镍，15mg 氟，10mg 钴、锆（Ⅳ）、钡、铅、锰（Ⅱ）、钒（Ⅴ），5mg 锶、铋、硅酸根，2mg 银（Ⅰ）、砷（Ⅴ），1mg 钨（Ⅵ）、镉、锂、铌、钛、钍，0.5mg 铈（Ⅵ）、总稀土，0.2mg 铬（Ⅵ），0.1mg 钽、锑（Ⅲ）不干扰测定。

三、实验仪器和试剂

（一）仪器

（1）分光光度计：波长范围 42~720nm。

（2）裂解石墨坩埚：30mL。

（3）色层柱：直径为 7mm，柱长 80mm 的玻璃柱。

（二）试剂

（1）丙酮。

（2）氢氟酸：$\rho=1.13$g/mL。

（3）硝酸：$\rho=1.42$g/mL。

（4）硝酸溶液：1mol/L。

（5）盐酸：$\rho=1.19$g/mL。

（6）盐酸溶液：1mol/L。

（7）氨水：(1+1)。

（8）酚酞溶液：10g/L，称取 1g 酚酞［$OCOC_6H_4C(C_6H_4OH)_2$］溶于 60mL 乙醇（C_2H_5OH）中，用水稀释至 1000mL。

（9）碳酸钠溶液：50g/L。

（10）氢氧化钠溶液：100g/L。

（11）混合掩蔽剂溶液：称取 5gl，2-环已二胺四乙酸

$[(CH_2COOH)_2NCH(CH_2)_4HCN(CH_2COOH)_2]$（简称 CyDTA）：5g 氟化钠于 600mL 水中，加氢氧化钠溶液（3.10）至 CyDTA 溶解，并用盐酸和氨水在酸度计上调溶液 pH 至 7.8，然后用水稀释至 1000mL。

（12）缓冲溶液：量取 200mL 三乙醇胺 $[(HOCH_2CH_2)_3N]$，置于 600mL 水中，用盐酸中和至 pH 为 7~8，然后加粉状活性炭 4~5g，搅拌，放置过夜。过滤后在酸度计上调节 pH 为 7.8，用水稀释至 1000mL。

（13）Br-PADAP 乙醇溶液：0.015gBr-PADAP $[BrNC_5H_3N:NC_6H_3(OH)N(C_2H_5)_2]$ 用乙醇溶解并稀释至 100mL。

（14）铀标准贮备溶液（1.0mg/mL）：称取基准八氧化三铀（经 850℃ 灼烧 2h）0.1179g 于 50mL 烧杯内，加入 5mL 硝酸，在砂浴上微微加热至全部溶解，冷却后，转入 100mL 容量瓶中，用硝酸溶液稀释至刻度，摇匀。此溶液每毫升含 1.0mg 铀。

（15）铀标准溶液（1.0μg/mL）：吸取铀标准贮备溶液 1.00mL 于 1000mL 容量瓶中，用硝酸溶液稀释至刻度，摇匀，此溶液每毫升含 1.0μg 铀。

（16）氢氧化钾。

（17）过氧化钠。

（18）CL-5209 萃淋树脂：粒度 60~72 目，其中 CL-5209 萃取剂为烷基膦酸二烷基酯，其中含量为 60%。

四、实验步骤

（一）CL-5209 色层柱的制备

称取 1g CL-5209 萃淋树脂装入已充满水的色层柱中柱底部和上部装少量脱脂棉）。用 10mL 碳酸钠溶液洗涤色层柱两次，然后再用蒸馏水淋洗至中性。使用前用 10mL 硝酸溶液平衡色层柱。溶液流经色层柱的流速为 0.8~2mL/min。

（二）工作曲线的绘制

（1）吸取 0mL、0.4mL、0.6mL、0.8mL、1.0mL、1.2mL、1.6mL 的铀标准溶液于一系列裂解石墨坩埚中，在电炉上低温蒸干取下。

（2）稍冷，加 3mL 氢氟酸，1mL 硝酸蒸干。

（3）加入 5g 氢氧化钾，1g 过氧化钠，放在有保温圈的 2000W 电炉上，盖上石棉板，加热 15min。关电炉后取出坩埚。

（4）稍冷，将坩埚放入 150mL 烧杯中，用硝酸溶液浸出，控制体积为 60mL，加 1 滴酚酞溶液，以氨水和硝酸调至红色褪去，加入 6mL 硝酸控制体积约 90mL。加热煮沸约 1min 取下烧杯。

（5）稍冷，将此溶液过滤于预先用硝酸溶液平衡好的色层柱中，用硝酸溶液洗烧杯、漏斗、色层柱各三次（每次 5mL），再以 2mL 水洗柱子一次，弃去流出液。

（6）用 5mL 混合掩蔽剂溶液分五次淋洗铀。再用 1mL 水淋洗色层柱一次，将淋洗液收集于 10mL 容量瓶中。

（7）向容量瓶中加 1 滴酚酞溶液。用氨水和盐酸溶液调酸度至红色刚褪。加入 1mL 缓冲溶液，1mL Br-PADAP，用丙酮稀释至刻度摇匀放置 40min 后，在分光光度计上，波

长 578nm 处，用 3cm 比色皿以试剂空白为参比，测定吸光度。

(8) 以铀为横坐标，吸光度为纵坐标，绘制工作曲线。

(三) 试样分析

(1) 称取试样 0.1~1.0g（精确到 0.0001g），置于 30mL 裂解石墨坩埚中，放入马福炉，在 700℃下灼烧半小时，取出坩埚。

(2) 稍冷加入 3mL 氢氟酸，1mL 硝酸蒸干（如称样大于 0.2g 可用氢氟酸和硝酸反复处理两次）。以下操作按（二）(2)~(7)步骤进行。

注：所用分析的试样，全部通过 140 目筛。过筛后的试样充分混匀，在 105~110℃下烘干，装瓶，放在干燥中备用。

(四) 试剂空白试验

按照试样分析方法用相同量全部试剂进行空白试验。

五、实验数据及处理

铀的含量 C 按下式计算：

$$C = \frac{A}{m}$$

式中 C——土壤样品中铀的含量，μg/g；

A——从工作曲线上查得的铀含量，μg；

m——称样量，g。

分析结果为三位有效数字。

六、思考题

本方法中试剂空白试验的作用。

方法二 电感耦合等离子体发射光谱法

一、实验目的

(1) 了解土壤中铀的存在形式与状态；

(2) 掌握电感耦合等离子体发射光谱法测定土壤中的铀。

二、实验原理

试样经消解后，用硝酸溶解，制成的硝酸溶液，按试验所选定的仪器条件在光谱仪上测定铀的含量。

三、试剂

(1) 硝酸（ρ=1.42g/mL）；

(2) 高氯酸（ρ=1.75g/mL）；

(3) 氢氟酸（ρ=1.15g/mL）；

(4) 硝酸溶液（1+2）。

四、实验步骤

（一）土壤样品的消解

（1）在称取试样前，先要将试样在105~110℃烘箱中烘干至恒重（约2h），以排除土壤含水量对铀含量测量结果的影响。

（2）称取试样0.01~0.10g（准确至0.0001g）于30mL聚四氟乙烯坩埚中，用少量水湿润。

（3）加入5mL硝酸（ρ=1.42g/mL）、3mL高氯酸（ρ=1.75g/mL）、2mL氢氟酸（ρ=1.15g/mL），摇匀，加盖，在消解炉上加热约1h，注意控制温度不超过300℃，将试样分解完全后，去盖蒸至白烟冒尽。

（4）取下坩埚，沿壁加入1mL硝酸（ρ=1.42g/mL），将坩埚放回到消解炉上，加热至湿盐状（防止干涸）。

（5）取下坩埚，趁热沿壁加入5mL已预热（60~70℃）的硝酸溶液（1+2），加热至溶液清亮后立即取下，用水冲壁一圈，放至室温，转入50mL容量瓶中，用水稀释至刻度，摇匀，澄清后待测。

注意：每批样品需带2~3个空白。

（二）土壤样品的测定（ICP-OES使用方法）

（1）检查进样废液泵管是否正确安装到ICP-OES的蠕动泵上，以及空气过滤器是否被阻塞。

（2）打开实验室排风系统，并保证气体管路及冷却水管路已连接到ICP-OES仪器上。

（3）打开冷却水系统，保气源和冷却水已打开并设置为正确的压力，并且冷却水已设置为正确的温度。

（4）检查矩管是否已清洁并处于良好状态，以及矩管手柄是否已完全闭合，查雾化室、雾化器和蠕动泵上的所有管道是否已安装并正确连接。

（5）打开计算机和ICP-OES，并运行软件，等ICP-OES预热后2h后，Peltier应为40℃，单色器应为35℃。

（6）在软件中选择要测试的元素，并添加合适的波长。软件中添加标样的个数，并填写各个标样的浓度。

（7）确保ICP-OES上的指示灯全部变绿色之后，点燃等离子体。然后按照软件提示，依次检测空白样，标样，待测样。

（8）测样完毕后，熄灭等离子体，进样管进1分钟10%的硝酸，从蠕动泵上拆下管道，然后依次关闭计算机，ICP-OES，气源，冷却水机，排风系统。

5 噪声监测实验

实验一　环境噪声监测

一、实验目的

通过本实验的学习，使学生了解或掌握噪声监测知识，培养学生噪声监测的基本技能，为今后从事环境监测工作奠定基础。

二、实验组织运行要求

根据本实验的特点、要求和具体条件，采用分组实验的方法，每组三位学生，便于学生互相讨论和监督。

三、实验条件

（1）天气条件要求在无雨无雪的时间，声级计应保持传声器膜片清洁，风力在三级以上必须加风罩（以避免风噪声干扰），五级以上大风应停止测量。

（2）使用仪器是 PSJ-2 型声级计或其他普通声级计，原理见教材，使用方法参看仪器说明书。

（3）手持仪器测量，传声器要求距离地面 1.2m。

四、实验步骤

（1）将学校（或某一地区）划分为 25×25m 的网格，测量点选在每个网格的中心，若中心点的位置不宜测量，可移到旁边能够测量的位置。

（2）每组三人配置一台声级计，顺序到各网点测量，时间从 8:00~17:00，每一网格至少测量四次，时间间隔尽可能相同。

（3）读数方式用慢挡，每隔 5s 读一个瞬时 A 声级，连续读取 200 个数据。读数同时要判断和记录附近主要噪声来源（如交通噪声、施工噪声、工厂或车间噪声、锅炉噪声）和天气条件。

五、数据处理

环境噪声是随时间而起伏的无规律噪声，因此测量结果一般用统计值或等效声级来表示，本实验用等效声级表示。

将各网点每一次的测量数据（200 个）顺序排列找出 L_{10}、L_{50}、L_{90}，求出等效声级 L_{eq}，再将该网点一整天的各次 L_{eq} 值求出算术平均值，作为该网点的环境噪声评价量。

以 5dB 为一等级，用不同颜色或阴影线绘制学校（或某一地区）噪声污染图。

六、思考题

噪声的大小还可以用什么方法监测？

实验二　工业企业厂界噪声测量

一、实验目的

（1）了解声级、等效声级、昼间等效声级、夜间等效声级的概念；
（2）掌握噪声测量仪的使用方法。

二、实验原理

（一）A 声级

用 A 计权网络测得的声级，用 L_A 标识，单位 dB。

（二）等效声级

在某规定时间内 A 声级的能量平均值，又称等效连续 A 声级，用 L_{AEQ} 表示，单位为 dB。

按此定义此量为：

$$L_{Aeq} = 10\lg\left(\frac{1}{T}\int_0^T 10^{0.1L_A}\mathrm{d}t\right)$$

式中　L_A——t 时刻的瞬时声级；
　　T——规定的测量时间。

当测量是采样测量，且采样的时间间隔一定时，上式可表示为：

$$L_{Aeq} = 10\lg\left(\frac{1}{n}\sum_{i=1}^{n} 10^{0.1L_{Ai}}\right)$$

式中　L_{Ai}——第 i 次采样测得的 A 声级；
　　n——采样总数。

（三）稳态噪声，非稳态噪声

在测量时间内，声级起伏不大于 3dB（A）的噪声视为稳态噪声，否则称为非稳态噪声。

（四）周期性噪声

在测量时间内，声级变化具有明显的周期性的噪声。

（五）背景噪声

厂界外噪声源产生的噪声。

三、测量条件

（一）测量仪器

测量仪器精度为Ⅱ级以上的声级计或环境噪声自动监测仪，其性能符合 GB 3875《声级计电声性能及测量方法》之规定，应定期校验。并在测量前后进行校准，灵敏度差不得大于 0.5dB（A），否则测量无效。测量时传声器加风罩。

（二）气象条件

测量应在无雨、无雪的气候中进行，风力为5.5m/s以上时停止测量。

（三）测量时间

测量应在被测企事业单位的正常工作时间内进行。分为昼、夜间两部分，时段的划分可由当地人民政府按当地习惯和季节划定。

四、测量步骤

（一）测点位置的选择

测点（即传声器位置。下同）应选在法定厂界外1m，高度1.2m以上的噪声敏感处。如厂界有围墙，测点应高于围墙。

若厂界与居民住宅相连，厂界噪声无法测量时，测点应选在居室中央，室内限值应比相应标准值低10dB（A）。

（二）采样方式

用声级计采样时，仪器动态特性为“慢”响应，采样时间间隔为5s。

用环境噪声自动监测仪采样时，仪器动态特性为“快”响应，采样时间间隔不大于1s。

（三）测量值

稳态噪声测量1min的等效声级。

周期性噪声测量一个周期的等效声级。

非周期性非稳态噪声测量整个正常工作时间的等效声级。

五、测量记录及数据处理

（一）测量记录

围绕厂界布点。布点数目及间距视实际情况而定。在每一测点测量，计算正常工作时间内的等效声级，填入工业企业厂界噪声测量记录表。

工业企业厂界噪声测量记录表

<table>
<tr><td colspan="2">工厂名称</td><td colspan="2">适用标准类型</td><td>测量仪器</td><td colspan="2">测量时间</td><td>测量人</td></tr>
<tr><td colspan="2"></td><td colspan="2"></td><td></td><td colspan="2"></td><td></td></tr>
<tr><td rowspan="2">测点编号</td><td colspan="2" rowspan="2">主要声源</td><td colspan="3">测量值</td><td colspan="2" rowspan="2">测点示意图</td></tr>
<tr><td>昼间</td><td colspan="2">夜间</td></tr>
<tr><td></td><td colspan="2"></td><td></td><td colspan="2"></td><td colspan="2" rowspan="7"></td></tr>
<tr><td></td><td colspan="2"></td><td></td><td colspan="2"></td></tr>
<tr><td></td><td colspan="2"></td><td></td><td colspan="2"></td></tr>
<tr><td></td><td colspan="2"></td><td></td><td colspan="2"></td></tr>
<tr><td></td><td colspan="2"></td><td></td><td colspan="2"></td></tr>
<tr><td></td><td colspan="2"></td><td></td><td colspan="2"></td></tr>
<tr><td></td><td colspan="2"></td><td></td><td colspan="2"></td></tr>
</table>

（二）背景值修正

背景噪声的声级值应比待测噪声的声级值低 10dB（A）以上，若测量值与背景值差值小于 10dB（A），按表 5-1 进行修正。

表 5-1 背景值修正

差值	3	4~6	7~9
修正值	−3	−2	−1

六、注意事项

适用于工厂及有可能造成噪声污染的企事业单位的边界噪声的测量。

实验三　城市区域环境噪声测量

一、实验目的

(1) 了解声级、等效声级、昼间等效声级、夜间等效声级的概念；
(2) 掌握噪声测量仪的使用方法。

二、实验原理

(一) A 声级

用 A 计权网络测得的声级，用 L_A 标识，单位 dB。

(二) 等效声级

在某规定时间内 A 声级的能量平均值，又称等效连续 A 声级，用 L_{Aeq} 表示，单位为 dB。

按此定义此量为：

$$L_{Aeq} = 10\lg\left(\frac{1}{T}\int_0^T 10^{0.1L_A}dt\right)$$

式中　L_A——t 时刻的瞬时声级；
　　T——规定的测量时间。

当测量是采样测量，且采样的时间间隔一定时，上式可表示为：

$$L_{Aeq} = 10\lg\left(\frac{1}{n}\sum_{i=1}^{n} 10^{0.1L_{Ai}}\right)$$

式中　L_{Ai}——第 i 次采样测得的 A 声级；
　　n——采样总数。

(三) 昼间等效声级

昼间 A 声级的能量平均值，用 L_D 表示，单位 dB。

(四) 夜间等效声级

夜间 A 声级的能量平均值，用 L_N 表示，单位 dB。

三、测量条件

(一) 测量仪器

(1) 测量仪器精度为 2 型以上的积分式声级计及环境噪声自动监测仪器，其性能符合 GB 3785—83 的要求。

(2) 测量仪器和声校准器应按 JJG699—90、JG176—76，及 JJG778—92 的规定定期检定。

(二) 气象条件

测量应在无雨、无雪的天气条件下进行，风速为 5.5m/s 上停止测量。测量时传声器加风罩。

四、测量步骤

（1）测点选择。测量点选在居住或工作建筑物外，离任一建筑物的距离不小于1m。传声器距地面的垂直距离不小于1.2m。

（2）测量时间。测量分昼间和夜间两部分分别进行。

（3）采样方式。仪器的时间计权特性为“快”响应，采样时间间隔不大于1s。

（4）不得不在室内测量时，室内噪声限值低于所在区域标准值10dB。测点距墙面和其他主要反射面不小于1m，距地板1.2~1.5m，离窗户约1.5m。开窗状态下测量。

（5）铁路两侧区域环境噪声测量，应避开列车通过的时段。

（6）区域环境噪声的普查方式。

城市区域环境噪声普查方法

一、适用范围

本方法适用于为了解某一类区域或整个城市的总体环境噪声水平，环境噪声污染的时间与空间分布规律而进行的测量。

二、网络测量法

（1）网络的划分方法。将要普查测量的城市某一区域或整个城市划分成多个等大的正方格，网格要完全覆盖住被普查的区域或城市。每一网格中的工厂、道路及非建成区的面积之和不得大于网格面积的50%，否则视为该网格无效。有效网格总数应多于100个。

（2）布点方法。测点布在每一个网格的中心。若网格中心点不宜测量（如为建筑物、厂区内等），应将测点移动到距离中心点最近的可测量位置上进行测量。

（3）测量方法。分别在昼间和夜间进行测量。在规定的测量时间内，每次每个测点10min的连续等效A声级（L_{Aeq}）。

（4）评价方法：

1）噪声平均水平

将全部网格中心测点测得的10min的连续等效A声级做算术平均运算，所得到的平均值代表某一区域或全市的噪声水平。

2）评价

如所测量的区域仅执行某一区域环境噪声标准，那么该平均值可用该区域适用的区域环境噪声标准进行评价。

3）噪声污染空间分布

将测量到的连续等效A声级按5dB一档分级（如60~65，65~70，70~75）。用不同的颜色或阴影线表示每一档等效A声级，绘制在覆盖某一区域或城市的网格上，用于表示区域或城市的噪声污染分布情况。

三、定点测量方法

(1) 测点选择。在标准规定的城市建成区中，优化选区一个或多个能代表某一区域或整个城市建成区环境噪声平均水平的测点，进行长期噪声定点监测。

(2) 测量方法。进行24h连续监测。测量每小时的L_{Aeq}及昼间的L_d和夜间的L_N。

(3) 评价方法

1) 噪声平均水平

某一区域或城市昼间（或夜间）的环境噪声平均水平由下式计算：

$$L = \sum_{i=1}^{n} L_i \frac{S_i}{S}$$

式中　L_i——第i个测点测得的昼间（或夜间）的连续等效A声级；

S_i——第I个测点所代表的区域面积；

S——整个区域或城市的总面积。

2) 评价。噪声平均水平的评价参照2.4.2款。

3) 噪声污染时间分布。将每一小时测得的连续等效A声级按时间排列，得到24h的声级变化图形，用于表示某一区域或城市环境噪声的时间分布规律。

6 综合设计性实验

实验一　校园环境空气质量监测

一、实验目的

（1）通过实验进一步巩固课本知识，深入了解大气环境中各污染物的具体采样方法、分析方法、误差分析及数据处理等方法；

（2）对校园的环境空气定期监测，评价校园的环境空气质量，对研究校园空气环境质量变化及制订校园环境保护规划提供基础数据；

（3）根据污染物或其他影响环境质量因素的分布，追踪污染路线，寻找污染源，为校园环境污染的治理提供依据；

（4）培养团结协作精神及综合分析与处理问题的能力。

二、污染物调查情况及基础资料的搜集

（一）校园空气环境影响因素识别

大气污染受气象、季节、地形、地貌等因素的强烈影响而随时间变化，因此应对校园内各种大气污染源、大气污染物排放状况及自然与社会环境特征进行调查，并对大气污染物排放作初步估算。

（1）校园空气污染源调查：主要调查校园大气污染物的排放源和污染物名称及排放方式等，为空气环境监测项目的选择提供依据，可按表 6-1 的方式进行调查。

表 6-1　校园空气污染源情况调查

序号	污染源名称	污染源排放的气体	污染物排放的时间	备注
1	食堂及学校附近的居民区	SO_2，油烟油类等有机物，CO	上午 5：00 到晚上 10：00	
2	学校内路段来往车辆	NO_2，CO，TSP，PM_{10}，$PM_{2.5}$	全天都有，集中上下班高峰	
3	建筑工地	TSP，挥发性有机污染物	全天都有	
4	学校大门口外小吃街	油烟油类等有机物，CO	晚上 18：00 到 24：00	
5	学校大门外马路	NO_2，SO_2，CO，PM_{10}，$PM_{2.5}$	全天都有	
6	…	…	…	

（2）校园周边大气污染源调查：校园周边大气污染源主要调查汽车尾气排放情况，汽车尾气中主要含有 CO、NO_x、烟尘等污染物。调查形式如表 6-2 所示。

表 6-2 汽车尾气调查情况

路段名称		×××大道	×××大道	×××路	×××大街	…
车流量/辆 · h^{-1}	大型车					
	中型车					
	小型车					

（二）基础资料的收集

（1）气象资料收集：主要收集校园所在地气象站（台）近年的气象数据，包括风向、风速、气温、气压、降水量、相对湿度等，具体调查内容如表 6-3 所示。

表 6-3 气象资料调查

项目	调查内容
风向	主导风向、次主导风向及频率等
风速	年平均风速、最大风速、最小风速、年静风频率等
气温	年平均气温、最高气温、最低气温等
降水量	平均年降水量、每日最大降水量等
相对湿度	年平均相对湿度

（2）地区及功能划分：把校园按照宿舍区、操场、教学区、办公区等划分功能区，如果有典型污染源，可以围绕污染源进行划分。

三、监测项目

经过调查研究和相关资料的讨论及综合分析，根据国家环境空气质量标准和校园及其周边的大气污染物排放情况来筛选监测项目，高等学校一般无特征污染物排放，可选 TSP、PM_{10}、$PM_{2.5}$、SO_2、NO_2、CO 等作为大气环境监测项目。

四、设计布点网络

（1）采样点布设及布点数目：根据学校的各污染源的分布情况，校园的地形、地貌、气象等条件及污染物的等标排放量，结合校园各环境功能区的要求，按功能区划分的布点法（由于校园分为多个功能区：主要以居住区、教学区、活动区为主）和网格布点法相结合的方式来布置采样点。各测点名称及相对校园中心点的方位和直线距离可按如表 6-4 列出，各测点具体位置应在校园总平面布置图上注明。

表 6-4 测点名称及相对方位

测点编号	测点名称	测点方位	到校园中心点距离/m
1	东校门		200
2	西校门		200
3	南校门		1000

续表 6-4

测点编号	测点名称	测点方位	到校园中心点距离/m
4	北校门		300
5	…	…	…

（2）监测项目和分析方法的确定：根据大气环境监测因子的筛选结果所确定的监测项目，按照《空气和废气监测分析方法》、《环境监测技术规范》和《环境空气质量标准》所规定的采样和分析方法执行。

（3）采样时间和频次：采用间歇性采样方法，连续监测 3~5d，每天采样频次根据学生的实际情况而定，SO_2、NO_2、CO 等每隔 2~3h 采样一次；$PM_{2.5}$每天采样一次，连续采样。采样应同时记录气温、气压、风向、风速、阴晴等气象因素。

（4）现场采样记录：自己设计表格。

五、数据处理

（1）数据整理：监测结果的原始数据要根据有效数字的保留规则正确书写，监测数据的运算要遵循运算规则。在数据处理中，对出现的可疑数据，首先从技术上查明原因，然后再用统计检验处理，经验证属离群数据应予剔除，以使测定结果更符合实际。

（2）分析结果的表示：将监测结果按样品数、检出率、浓度范围进行统计并制成表格，可按表 6-5 统计分析结果。

表 6-5 环境空气监测结果统计

编号	测点名称	样品数	检出率/%	小时平均值		日均值	
				浓度范围	超标率/%	浓度范围	超标率/%
1							
2							
…							
标准值							

实验二　校园水环境监测

一、实验目的

(1) 通过水环境监测实验，进一步让学生巩固课本所学知识，深入了解水环境监测中各环境污染因子的采样与分析方法、误差分析、数据处理等方法与技能；

(2) 通过对校园周边河水水质监测，掌握校园周边的水环境质量现状，并判断水环境质量是否符合国家有关环境标准的要求；

(3) 培养学生的实践操作技能和综合分析问题的能力。根据学校的用水和排水情况进行调查研究，通过对校园水环境检测，判断水环境质量状况并判断水环境质量是否符合国家标准，巩固所学知识，培养团结协作精神和实践操作技能、综合分析问题的能力，学会合理地选择和确定某监测任务中所需监测的项目，准确选择样品预处理方法及分析监测方法。

二、污染源及受纳水体的调查

校园水污染源主要包括餐厅污水、实验室废水、生活污水等。餐厅污水包括洗碗水、洗菜水以及其他污水，洗碗水主要含有 N、P 等营养物质和油脂，洗菜水含有的沙粒等较少的污染物，其他污水含有较多有机污染物。主要排入下水道。实验室废水主要排入下水道，排水量不大。生活污水的排水量占主要部分。

三、水环境监测项目和范围

(一) 监测项目

水质监测项目可分为水质常规项目、特征污染物和水域敏感参数。水质常规项目可根据生活区等排放到河水的污染物来选取。监测项目根据规定的水质要求和有毒物质确定。

(二) 监测范围

地表水监测范围必须包括生活区排水对地表水环境影响比较明显的区域，应能全面反映与地表水有关的基本环境状况。

四、监测点布设、监测时间和采样方法

以校园内人工湖监测为例。

(一) 监测点布设

监测断面和采样点的设置应根据监测目的和监测项目，并结合水域类型、水文、气象、环境等自然特征，综合诸多方面因素提出优化方案，在研究和论证的基础上确定。

(二) 监测时间

监测目的和水体不同，监测的频率往往也不相同。对湖泊的水质/水文同步调查 3～4d，至少应有 1d 对所有已选定的水质采样分析。

(三) 采样方法

根据监测项目确定是混合采样还是单独采样。采样器需事先用洗涤剂、自来水、10%

硝酸或盐酸和蒸馏水洗涤干净、沥干，采样前用被采集的水样洗涤 2~3 次。采样时应避免激烈搅动水体和漂浮物进入采样桶；采样桶桶口要迎着水流方向浸入水中，水充满后迅速提出水面，需加保存剂时应在现场加入。为特殊监测项目采样时，要注意特殊要求，如应用碘量法测定水中溶解氧，需防止曝气或残存气泡的干扰等。

五、样品的保存和运输

水样存放过程中，由于吸附、沉淀、氧化还原、微生物作用等，样品的成分可能发生变化，因此如不能及时运输和分析测定的水样，需采取适当的方法保存。较为普遍采用的保存方法有：控制溶液的 pH 值、加入化学试剂、冷藏和冷冻。

采取的水样除一部分现场测定使用外，大部分要运送到实验室进行分析测试。在运输过程中，为继续保证水样的完整性、代表性，使之不受污染，不被损坏和丢失，必须遵守各项保证措施。根据水样采样记录表清点样品，塑料容器要塞紧内塞、旋紧外塞；玻璃瓶要塞紧磨口塞，然后用细绳将瓶塞与瓶颈拴紧。需冷藏的样品，配备专门的隔热容器，放冷却剂。

六、分析方法与数据处理

（一）分析方法

分析方法按相关标准规定进行选择，可按表 6-6 编写。

表 6-6　监测项目的分析方法及检出下限

序号	监测项目	分析方法	检出下限	国标号
1	pH 值			
2	COD_{cr}			
3	BOD_5			
4	浊度			
	…	…	…	…

（二）数据处理

监测结果的原始数据要根据有效数字的保留规则正确书写，监测数据的运算要遵循运算规则。在数据处理中，对出现的可疑数据，首先从技术上查明原因，然后再用统计检验处理，经验证后属离群数据应予剔除，以使测定结果更符合实际。

（三）分析结果的表示

可按表 6-7 对水质监测结果进行统计。

表 6-7　水质监测结果统计表

断面名称	污染因子	pH	SS	DO	COD_{cr}	BOD_5	NH_3-N	…
1	浓度/mg · L^{-1}							
	超标倍数							

续表 6-7

断面名称	污染因子	pH	SS	DO	COD_{cr}	BOD_5	NH_3-N	…
2	浓度/mg · L^{-1}							
	超标倍数							
…								
标准值								

(四) 水质评价

目前我国颁布的水质标准主要有：地面水环境质量标准（GB 3838—2002）；生活饮用水卫生标准等。地面水环境质量标准适用于全国江河、湖泊、水库等水域。因此，学生根据监测结果，对照地面水环境质量标准，对河水进行评价，判断水质属于几级。推断污染物的来源，对污染物的种类进行分类，并提出改进的建议。

附录　环境监测相关标准

1　国际原子量表（以$^{12}C=12$相对原子质量为标准）

序号	符号	名称	原子量	序号	符号	名称	原子量	序号	符号	名称	原子量
1	H	氢	1.008	37	Rb	铷	85.47	73	Ta	钽	180.9
2	He	氦	4.003	38	Sr	锶	87.62	74	W	钨	183.9
3	Li	锂	6.941	39	Y	钇	88.91	75	Re	铼	186.2
4	Be	铍	9.012	40	Zr	锆	91.22	76	Os	锇	190.2
5	B	硼	10.81	41	Nb	铌	92.91	77	Ir	铱	192.2
6	C	碳	12.01	42	Mo	钼	95.94	78	Pt	铂	195.1
7	N	氮	14.01	43	Tc	锝	98.91	79	Au	金	197.0
8	O	氧	16.00	44	Ru	钌	101.1	80	Hg	汞	200.6
9	F	氟	19.00	45	Rh	铑	102.9	81	Tl	铊	204.4
10	Ne	氖	20.18	46	Pd	钯	106.4	82	Pb	铅	207.2
11	Na	钠	22.99	47	Ag	银	107.9	83	Bi	铋	209.0
12	Mg	镁	24.31	48	Cd	镉	112.4	84	^{210}Po	钋	210.0
13	Al	铝	26.98	49	In	铟	114.8	85	^{210}At	砹	210.0
14	Si	硅	28.09	50	Sn	锡	118.7	86	^{222}Rn	氡	222.0
15	P	磷	30.97	51	Sb	锑	121.8	87	^{223}Fr	钫	223.0
16	S	硫	32.06	52	Te	碲	127.6	88	^{226}Ra	镭	226.0
17	Cl	氯	35.45	53	I	碘	126.9	89	^{227}Ac	锕	227.0
18	Ar	氩	39.95	54	Xe	氙	131.3	90	Th	钍	232.0
19	K	钾	39.10	55	Cs	铯	132.9	91	^{231}Pa	镤	231.0
20	Ca	钙	40.08	56	Ba	钡	137.3	92	U	铀	238.0
21	Sc	钪	44.96	57	La	镧	138.9	93	^{237}Np	镎	237.0
22	Ti	钛	47.87	58	Ce	铈	140.1	94	^{244}Pu	钚	244.0
23	V	钒	50.94	59	Pr	镨	140.9	95	^{243}Am	镅	243.1
24	Cr	铬	52.00	60	Nd	钕	144.2	96	^{247}Cm	锔	247.1
25	Mn	锰	54.94	61	^{145}Pm	钷	144.9	97	^{247}Bk	锫	247.1
26	Fe	铁	55.85	62	Sm	钐	150.4	98	^{252}Cf	锎	252.1
27	Co	钴	58.93	63	Eu	铕	152.0	99	^{252}Es	锿	252.1
28	Ni	镍	58.69	64	gd	钆	157.3	100	^{257}Fm	镄	257.1
29	Cu	铜	63.55	65	Tb	铽	158.9	101	^{256}Md	钔	258.1
30	Zn	锌	65.41	66	Dy	镝	162.5	102	^{259}No	锘	259.1
31	Ga	镓	69.72	67	Ho	钬	164.9	103	^{260}Lr	铹	262.0
32	ge	锗	72.64	68	Er	铒	167.3	104	^{261}Rf	铲	261.1
33	As	砷	74.92	69	Tm	铥	168.9				
34	Se	硒	78.96	70	Yb	镱	173.0				
35	Br	溴	79.90	71	Lu	镥	175.0				
36	Kr	氪	83.80	72	Hf	铪	178.5				

2　几种市售酸和氨水的相对密度和浓度

试剂名称	ρ_{20}	含量/%	浓度 c_b/mol·L^{-1}
盐酸	1.18~1.19	36~38	(HCl) 11.6~12.4
硝酸	1.39~1.40	65~68	(HNO_3) 14.4~15.2
硫酸	1.83~1.84	95~98	(H_2SO_4) 17.8~18.4
磷酸	1.69	85	(H_3PO_4) 14.6
高氯酸	1.68	70~72	($HClO_4$) 11.7~12.0
乙酸（无水）	1.05	99.8（优级纯）	(CH_3COOH) 17.4
		99（分析纯、化学纯）	
氢氟酸	1.13	40	(HF) 22.5
氢溴酸	1.49	47	(HBr) 8.6
氨水	0.90~0.91	25~28	($NH_3.H_2O$) 13.3~14.8

3　生活饮用水水质卫生规范

（一）生活饮用水水质常规检验项目及限值

项　目	标　准	项　目	标　准
感官性状和一般化学		毒理学指标	
指标		氟化物	1.0mg/L
色	色度不超过15度，并不得呈现其他异色	氰化物	0.05mg/L
		砷	0.05mg/L
混浊度	不超过1度NTU，特殊情况不超过5度（NTU）	硒	0.01mg/L
		汞	0.001mg/L
臭和味	不得有异臭、异味	镉	0.005mg/L
肉眼可见物	不得含有	铬（六价）	0.05mg/L
pH	6.5~8.5	铅	0.01mg/L
总硬度（以$CaCO_3$计）	450mg/L	硝酸盐（以氮计）	20mg/L
铝	0.2mg/L	氯仿	60μg/L
铁	0.3mg/L	四氯化碳	2μg/L
锰	0.1mg/L	细菌学指标	
铜	1.0mg/L	细菌总数	100CFU/mL
锌	1.0mg/L	总大肠菌群	每100mL水样中不得检出
挥发酚类（以苯酚计）	0.002mg/L	粪大肠菌群	每100mL水样中不得检出
阴离子合成洗涤剂	0.3mg/L	游离余氯	与水接触30分钟后应不低于0.3mg/L，管网末梢水不应低于0.05mg/L（适用于加氯消毒）
硫酸盐	250mg/L		
氯化物	250mg/L		

续表

项 目	标 准	项 目	标 准
溶解性总固体	100mg/L	放射性指标	
耗氧量（以 O_2 计）	3mg/L，特殊情况下不超过 5mg/L	总 α 放射性	0.5Bq/L
		总 β 放射性	1Bq/L

（二）生活饮用水水质非常规检验项目及限值

（mg/L）

项 目	标准	项 目	标 准	项目	标 准
感官性状和一般化学指标		三氯乙烯	0.07	甲草胺	0.02
硫化物	0.02	四氯乙烯	0.04	灭草松	0.3
钠	200	苯	0.01	叶枯唑	0.5
毒理学指标		氯化氰（以 CN—计）	0.07	百菌清	0.01
锑	0.005	甲苯	0.7	滴滴涕	0.001
钡	0.7	二甲苯	0.5	溴氰菊酯	0.02
铍	0.002	乙苯	0.3	内吸磷	0.03（感官限值）
硼	0.5	苯乙烯	0.02	乐果	0.08（感官限值）
钼	0.07	苯并（a）芘	0.00001	2，4—滴	0.03
镍	0.02	氯苯	0.3	七氯	0.0004
银	0.05	1，2—二氯苯	1	七氯环氧化物	0.0002
二氯甲烷	0.02	1，4—二氯苯	0.3	六氯苯	0.001
1，2—二氧乙烷	0.03	三氯苯（总量）	0.02	六六六	0.005
1，1，1—三氯乙烷	2	邻苯二甲酸二（2—乙基己基）酯	0.008	林丹	0.002
氯乙烯	0.005	丙烯酰胺	0.0005	马拉硫磷	0.25
1，1—二氯乙烯	0.03	六氯丁二烯	0.0006	对硫磷	0.003
1，2—二氯乙烯	0.05	微囊藻毒素-LR	0.001	甲基对硫磷	0.02
五氯酚	0.009	三卤甲烷	该类化合物中每种化合物的实测浓度与其各自限值的比值之和不得超过 1	二溴一氯甲烷	0.1
亚氯酸盐	0.2			一溴二氯甲烷	0.06
一氯胺	3			二氯乙酸	0.05
2，4，6—三氯酚	0.2			三氯乙酸	0.1
甲醛	0.9	溴仿	0.1	三氯乙醛（水合氯醛）	0.01

4 地表水环境质量标准（GB 3838—2002）

（一）地表水环境质量标准基本项目标准限值

（mg/L）

序号	项 目	Ⅰ类	Ⅱ类	Ⅲ类	Ⅳ类	Ⅴ类
1	水温/℃	人为造成的环境水温变化应限制在： 周平均最大温升=1 周平均最大温降=2				
2	pH值（无量纲）	6~9				
3	溶解氧=	饱和率90% （或7.5）	6	5	3	2
4	高锰酸盐指数=	2	4	6	10	15
5	化学需氧量（COD）=	15	15	20	30	40
6	五日生化需氧量(BOD_5)=	3	3	4	6	10
7	氨氮（NH_3—N）=	0.015	0.5	1.0	1.5	2.0
8	总磷（以P计）=	0.02 （湖、库0.01）	0.1 （湖、库0.025）	0.2 （湖、库0.05）	0.3 （湖、库0.1）	0.4 （湖、库0.2）
9	总氮(湖、库,以N计)=	0.2	0.5	1.0	1.5	2.0
10	铜=	0.01	1.0	1.0	1.0	1.0
11	锌=	0.05	1.0	1.0	2.0	2.0
12	氟化物（以F^-计）=	1.0	1.0	1.0	1.5	1.5
13	硒=	0.01	0.01	0.01	0.02	0.02
14	砷=	0.05	0.05	0.05	0.1	0.1
15	汞=	0.00005	0.00005	0.0001	0.001	0.001
16	镉=	0.001	0.005	0.005	0.005	0.01
17	铬（六价）=	0.01	0.05	0.05	0.05	0.1
18	铅=	0.01	0.01	0.05	0.05	0.1
19	氰化物=	0.005	0.05	0.2	0.2	0.2
20	挥发酚=	0.002	0.002	0.005	0.01	0.1
21	石油类=	0.05	0.05	0.05	0.5	1.0
22	阴离子表面活性=	0.2	0.2	0.2	0.3	0.3
23	硫化物=	0.05	0.1	0.2	0.5	1.0
24	粪大肠菌群/个·L^{-1}=	200	2000	10000	20000	40000

(二) 集中式生活饮用水地表水源地补充项目标准限值

(mg/L)

序 号	项 目	标 准 值
1	硫酸盐(以 SO_4^{2-} 计)	250
2	氯化物(以 Cl^- 计)	250
3	硝酸盐(以N计)	10
4	铁	0.3
5	锰	0.1

(三) 集中式生活饮用水地表水源地特定项目标准限值

(mg/L)

序号	项 目	标准值	序号	项 目	标准值
1	三氯甲烷	0.06	41	丙烯酰胺	0.0005
2	四氯化碳	0.002	42	丙烯腈	0.1
3	三溴甲烷	0.1	43	邻苯二甲酸二丁酯	0.003
4	二氯甲烷	0.02	44	邻苯二甲酸二(2—乙基已基)酯	0.008
5	1,2—二氯乙烷	0.03	45	水合肼	0.01
6	环氧氯丙烷	0.02	46	四乙基铅	0.0001
7	氯乙烯	0.005	47	吡啶	0.2
8	1,1—二氯乙烯	0.03	48	松节油	0.2
9	1,2—二氯乙烯	0.05	49	苦味酸	0.5
10	三氯乙烯	0.07	50	丁基黄原酸	0.005
11	四氯乙烯	0.04	51	活性氯	0.01
12	氯丁二烯	0.002	52	滴滴涕	0.001
13	六氯丁二烯	0.0006	53	林丹	0.002
14	苯乙烯	0.02	54	环氧七氯	0.0002
15	甲醛	0.9	55	对流磷	0.003
16	乙醛	0.05	56	甲基对流磷	0.002
17	丙烯醛	0.1	57	马拉硫磷	0.05
18	三氯乙醛	0.01	58	乐果	0.08
19	苯	0.01	59	敌敌畏	0.05
20	甲苯	0.7	60	敌百虫	0.05
21	乙苯	0.3	61	内吸磷	0.03
22	二甲苯①	0.5	62	百菌清	0.01
23	异丙苯	0.25	63	甲萘威	0.05
24	氯苯	0.3	64	溴清菊酯	0.02

续表

序号	项　目	标准值	序号	项　目	标准值
25	1，2—二氯苯	1.0	65	阿特拉津	0.003
26	1，4—二氯苯	0.3	66	苯并（a）芘	$2.8*10^{-6}$
27	三氯苯②	0.02	67	甲基汞	$1.0*10^{-6}$
28	四氯苯③	0.02	68	多氯联苯⑥	$2.0*10^{-5}$
29	六氯苯	0.05	69	微囊藻毒素-LR	0.001
30	硝基苯	0.017	70	黄磷	0.003
31	二硝基苯④	0.5	71	钼	0.07
32	2，4—二硝基甲苯	0.0003	72	钴	1.0
33	2，4，6—三硝基甲苯	0.5	73	铍	0.002
34	硝基氯苯⑤	0.05	74	硼	0.5
35	2，4—二硝基氯苯	0.5	75	锑	0.005
36	2，4—二氯苯酚	0.093	76	镍	0.02
37	2，4，6—三氯苯酚	0.2	77	钡	0.7
38	五氯酚	0.009	78	钒	0.05
39	苯胺	0.1	79	钛	0.1
40	联苯胺	0.0002	80	铊	0.0001

①二甲苯：指对—二甲苯、间—二甲苯、邻—二甲苯。

②三氯苯：指1，2，3—三氯苯、1，2，4—三氯苯、1，3，5—三氯苯。

③四氯苯：指1，2，3，4—四氯苯、1，2，3，5—四氯苯、1，2，4，5—四氯苯。

④二硝基苯：指对-二硝基苯、间-二基苯、邻-二硝基苯。

⑤硝基氯苯：指对-硝基氯苯、间-硝基氯苯、邻-硝基氯苯。

⑥多氯联苯：指PCB-1016、PCB-1221、PCB-1232、PCB-1242、PCB-1248、PCB-1254、PCB-1260

5　污水综合排放标准（GB 8978—1996）

（一）第一类污染物最高允许排放浓度

（mg/L）

序号	污染物	最高允许排放浓度	序号	污染物	最高允许排放浓度	序号	污染物	最高允许排放浓度
1	总汞	0.05	4	总铬	1.5	7	总铅	1.0
2	烷基汞	不得检出	5	六价铬	0.5	8	总镍	1.0
3	总镉	0.1	6	总砷	0.5	9	苯并（a）芘	0.00003

（二）第二类污染物最高允许排放浓度

（1997年12月31日之前建设的单位） （mg/L）

序号	污染物	适用范围	一级标准	二级标准	三级标准
1	pH	一切排污单位	6~9	6~9	6~9
2	色度（稀释倍数）	染料工业	50	180	—
		其他排污单位	50	80	—
		采矿、选矿、选煤工业	100	300	—
		脉金选矿	100	500	—
3	悬浮物（SS）	边远地区砂金选矿	100	800	—
		城镇二级污水处理厂	20	30	—
		其他排污单位	70	200	400
		甘蔗制糖、苎麻脱胶、湿法纤维板工业	30	100	600
4	五日生化需氧量（BOD_5）	甜菜制糖、酒精、味精、皮革、化纤浆粕工业	30	150	600
		城镇二级污水处理厂	20	30	—
		其他排污单位	30	60	300
		甜菜制糖、焦化、合成脂肪酸、湿法纤维板、染料、洗毛、有机磷农药工业	100	200	1000
		味精、酒精、医药原料药、生物制药、苎麻脱胶、皮革、化纤浆粕工业	100	300	1000
		石油化工工业（包括石油炼制）	100	150	500
5	化学需氧量（COD）	城镇二级污水处理厂	60	120	—
		其他排污单位	100	150	500
6	石油类	一切排污单位	10	10	30
7	动植物油	一切排污单位	20	20	100
8	挥发酚	一切排污单位	0.5	0.5	2.0
9	总氰化合物	电影洗片（铁氰化合物）	0.5	5.0	5.0
		其他排污单位	0.5	0.5	1.0
10	硫化物	一切排污单位	1.0	1.0	2.0
11	氨氮	医药原料药、染料、石油化工工业	15	50	—
		其他排污单位	15	25	—
		黄磷工业	10	20	20
12	氟化物	低氟地区（水体含氟量<0.5mg/L）	10	20	30
		其他排污单位	10	10	20

续表

序号	污染物	适用范围	一级标准	二级标准	三级标准
13	磷酸盐（以P计）	一切排污单位	0.5	1.0	—
14	甲醛	一切排污单位	1.0	2.0	5.0
15	苯胺类	一切排污单位	1.0	2.0	5.0
16	硝基苯类	一切排污单位	2.0	3.0	5.0
17	阴离子表面活性剂（LAS）	合成洗涤剂工业	5.0	15	20
		其他排污单位	5.0	10	20
18	总铜	一切排污单位	0.5	1.0	2.0
19	总锌	一切排污单位	2.0	5.0	5.0
20	总锰	合成脂肪酸工业	2.0	5.0	5.0
		其他排污单位	2.0	2.0	5.0
21	彩色显影剂	电影洗片	2.0	3.0	5.0
22	显影剂及氧化物总量	电影洗片	3.0	6.0	6.0
23	元素磷	一切排污单位	0.1	0.3	0.3
24	有机磷农药（以P计）	一切排污单位	不得检出	0.5	0.5
25	粪大肠菌群数	医院[①]、兽医院及医疗机构含病原体污水	500个/L	1000个/L	5000个/L
		传染病、结核病医院污水	100个/L	500个/L	1000个/L
26	总余氯（采用氯化消毒的医院污水）	医院[①]、兽医院及医疗机构含病原体污水	<0.5[②]	>3（接触时间=1h）	>2（接触时间=1h）
		传染病、结核病医院污水	<0.5[②]	>6.5（接触时间=1.5h	>5（接触时间=1.5h

①指50个床位以上的医院；

②加氯消毒后须进行脱氯处理，达到本标准。

（三）第二类污染物最高允许排放浓度

（1998年1月1日后建设的单位）　　（mg/L）

序号	污染物	适用范围	一级标准	二级标准	三级标准
1	pH	一切排污单位	6~9	6~9	6~9
2	色度（稀释倍数）	一切排污单位	50	80	—
3	悬浮物（SS）	采矿、选矿、选煤工业	70	300	-
		脉金选矿	70	400	-
		边远地区砂金选矿	70	800	—
		城镇二级污水处理厂	20	30	—
		其他排污单位	70	150	400

续表

序号	污染物	适用范围	一级标准	二级标准	三级标准
4	五日生化需氧量（BOD_5）	甘蔗制糖、苎麻脱胶、湿法纤维板、染料、洗毛工业	20	60	600
		甜菜制糖、酒精、味精、皮革、化纤浆粕工业	20	100	600
		城镇二级污水处理厂	20	30	—
		其他排污单位	20	30	300
5	化学需氧量（COD）	甜菜制糖、合成脂肪酸、湿法纤维板、染料、洗毛、有机磷农药工业	100	200	1000
		味精、酒精、医药原料药、生物制药、苎麻脱胶、皮革、化纤浆粕工业	100	300	1000
		石油化工工业（包括石油炼制）	60	120	–
		城镇二级污水处理厂	60	120	500
		其他排污单位	100	150	500
6	石油类	一切排污单位	5	10	20
7	动植物油	一切排污单位	10	15	100
8	挥发酚	一切排污单位	0. 5	0. 5	2. 0
9	总氰化合物	一切排污单位	0. 5	0. 5	1. 0
10	硫化物	一切排污单位	1. 0	1. 0	1. 0
11	氨氮	医药原料药、染料、石油化工工业	15	50	–
		其他排污单位	15	25	–
12	氟化物	黄磷工业	10	15	20
		低氟地区（水体含氟量<0. 5mg/L）	10	20	30
		其他排污单位	10	10	20
13	磷酸盐（以 P 计）	一切排污单位	0. 5	1. 0	—
14	甲醛	一切排污单位	1. 0	2. 0	5. 0
15	苯胺类	一切排污单位	1. 0	2. 0	5. 0
16	硝基苯类	一切排污单位	2. 0	3. 0	5. 0
17	阴离子表面活性剂（LAS）	一切排污单位	5. 0	10	20

续表

序号	污染物	适用范围	一级标准	二级标准	三级标准
18	总铜	一切排污单位	0.5	1.0	2.0
19	总锌	一切排污单位	2.0	5.0	5.0
20	总锰	合成脂肪酸工业	2.0	5.0	5.0
		其他排污单位	2.0	2.0	5.0
21	彩色显影剂	电影洗片	1.0	2.0	3.0
22	显影剂及氧化物总量	电影洗片	3.0	3.0	6.0
23	元素磷	一切排污单位	0.1	0.1	0.3
24	有机磷农药（以P计）	一切排污单位	不得检出	0.5	0.5
25	乐果	一切排污单位	不得检出	1.0	2.0
26	对硫磷	一切排污单位	不得检出	1.0	2.0
27	甲基对硫磷	一切排污单位	不得检出	1.0	2.0
28	马拉硫磷	一切排污单位	不得检出	5.0	10
29	五氯酚及五氯酚钠（以五氯酚计）	一切排污单位	5.0	8.0	10
30	可吸附有机卤化物（AOX）（以Cl计）	一切排污单位	1.0	5.0	8.0
31	三氯甲烷	一切排污单位	0.3	0.6	1.0
32	四氯化碳	一切排污单位	0.03	0.06	0.5
33	三氯乙烯	一切排污单位	0.3	0.6	1.0
34	四氯乙烯	一切排污单位	0.1	0.2	0.5
35	苯	一切排污单位	0.1	0.2	0.5
36	甲苯	一切排污单位	0.1	0.2	0.5
37	乙苯	一切排污单位	0.4	0.6	1.0
38	邻-二甲苯	一切排污单位	0.4	0.6	1.0
39	对-二甲苯	一切排污单位	0.4	0.6	1.0
40	间-二甲苯	一切排污单位	0.4	0.6	1.0
41	氯苯	一切排污单位	0.2	0.4	1.0
42	邻-二氯苯	一切排污单位	0.4	0.6	1.0
43	对-二氯苯	一切排污单位	0.4	0.6	1.0
44	对-硝基氯苯	一切排污单位	0.5	1.0	5.0
45	2，4-二硝基氯苯	一切排污单位	0.5	1.0	5.0
46	苯酚	一切排污单位	0.3	0.4	1.0
47	间-甲酚	一切排污单位	0.1	0.2	0.5

续表

序号	污染物	适用范围	一级标准	二级标准	三级标准
48	2，4-二氯酚	一切排污单位	0.6	0.8	1.0
49	2，4，6-三氯酚	一切排污单位	0.6	0.8	1.0
50	邻苯二甲酸二丁酯	一切排污单位	0.2	0.4	2.0
51	邻苯二甲酸二辛酯	一切排污单位	0.3	0.6	2.0
52	丙烯腈	一切排污单位	2.0	5.0	5.0
53	总硒	一切排污单位	0.1	0.2	0.5
54	粪大肠菌群数	医院①、兽医院及医疗机构含病原体污水	500个/L	1000个/L	5000个/L
		传染病、结核病医院污水	100个/L	500个/L	1000个/L
55	总余氯（采用氯化消毒的医院污水）	医院①、兽医院及医疗机构含病原体污水	<0.5②	>3（接触时间=1h）	>2（接触时间=1h）
		传染病、结核病医院污水	<0.5②	>6.5（接触时间=1.5h）	>5（接触时间=1.5h）
56	总有机碳（TOC）	合成脂肪酸工业	20	40	-
		苎麻脱胶工业	20	60	-
		其他排污单位	20	30	-

注：其他排污单位：指除在该控制项目中所列行业以外的一切排污单位。

①指50个床位以上的医院；

②加氯消毒后须进行脱氯处理，达到本标准。

6 城市区域环境噪声标准（GB 22337—2008）

社会生活噪声排放源边界噪声排放限值 （dB（A））

类别	昼间	夜间
0	50	40
1	55	45
2	60	50
3	65	55
4	70	55

7 环境空气质量标准（GB 3095—2012）

（一）环境空气污染物基本项目浓度限值

（适用一级浓度限值）

（$\mu g/m^3$）

污染物名称	取值时间	浓度限值	
		一级标准	二级标准
二氧化硫 SO_2	年平均 日平均 1 小时平均	20 50 150	60 150 500
可吸入颗粒物 PM_{10}	年平均 日平均	40 50	70 150
可吸入颗粒物 $PM_{2.5}$	年平均 日平均	15 35	35 75
二氧化氮 NO_2	年平均 日平均 1 小时平均	40 80 200	40 80 200
一氧化碳 CO	日平均 1 小时平均	4.00 10.00	4.00 10.00
臭氧 O_3	日平均 1 小时平均	100 160	160 200

（二）环境空气污染物其他项目浓度限值

（适用二级浓度限值）　（$\mu g/m^3$）

污染物名称	取值时间	浓度限值	
		一级标准	二级标准
总悬浮颗粒物 TSP	年平均 日平均	80 120	200 300
铅 Pb	年平均 季平均	0.50 1.00	0.50 1.00
苯并［a］芘 BaP	年平均 日平均	0.001 0.0025	0.001 0.0025
氮氧化物 NO_x	年平均 日平均 1 小时平均	50 100 250	50 100 250